VERSTÄNDLICHE WISSENSCHAFT

VIERUNDSECHZIGSTER BAND

BERLIN · GÖTTINGEN · HEIDELBERG
SPRINGER-VERLAG

FRÜCHTE DES MEERES

VON

DR. R. DEMOLL

O. Ö. PROFESSOR AN DER UNIVERSITÄT MÜNCHEN

1.—6. TAUSEND

MIT 40 ABBILDUNGEN

BERLIN · GÖTTINGEN · HEIDELBERG

SPRINGER-VERLAG

Herausgeber der Naturwissenschaftlichen Abteilung
Prof. Dr. Karl v. Frisch, München

ISBN-13:978-3-642-80538-7 e-ISBN-13:978-3-642-80537-0
DOI: 10.1007/978-3-642-80537-0

Softcover reprint of the hardcover 1st edition 1957

EUGEN NERESHEIMER

ZUM ANDENKEN

Vorwort

Aus der Fülle des Lebens, das sich in den verschiedenen Zonen des Meeres abspielt, und aus der Unzahl der Probleme, die uns hier überall entgegentreten, kann dies Büchlein nur eine kleine Auswahl geben. Ob es die bunte, oft groteske Welt der Krebse ist, oder ob es die erregenden Gestalten der Tintenfische sind, ob es sich um die stumpfsinnigen Schwämme oder um die klugen Robben handelt, jedesmal fühlt man sich aufgefordert, zunächst die Sinnesorgane dieser Tiere zu beschreiben, und darzustellen, was sie zu leisten vermögen, um dann erst zu zeigen, was das Tier mit den Meldungen, die ihm von seinen Sinnen vermittelt werden, anzufangen weiß. Auf solche Art aber würde ein „gewichtiges" Buch entstehen, und nicht eine Lektüre von Taschenformat, die der Leser mit sich nimmt, wenn er dem Spaziergang zwischen den Klippen des Meeres noch einen geistigen Spaziergang bis auf den Meeresboden hinzuzufügen wünscht.

Je enger die Auswahl der zu behandelnden Probleme aber sein muß, um so mehr werden subjektive Momente hierbei mitspielen. Mancher Leser hätte vielleicht dem Kofferfisch, ein anderer dem Menschenhai, dem Venusgürtel oder auch den von Fischen lebenden Vögeln eine eingehendere Behandlung gewünscht. Doch hoffe ich, daß die Mehrzahl mir zubilligt, daß ich bei der Auswahl auch etwas persönliche Gunst und Zuneigung mitsprechen ließ.

Letzten Endes sollte nicht möglichst Vieles, sondern möglichst Eindringliches vorgebracht werden; überdies aber auch Dinge, die den Besucher eines Fischmarktes und den interessierten Küstenbummler vor allem zu beschäftigen pflegen.

Inhaltsverzeichnis

I. Das Meer als Lebensraum

1. Das Meer — wasserwirtschaftlich gesehen — ein Zuschußgebiet

Den Zuschuß liefern die Kontinente. Sie sind dazu in der Lage, da die Verdunstung auf dem Lande nicht so groß ist, daß von den Niederschlägen nichts mehr übrig bliebe. Und dieser Überschuß strömt in Flüssen und Strömen immer dem Meere zu. Dort wiederum ist, vor allem infolge der ständigen Windbewegung, die Verdunstung größer als die Niederschläge.

Dies schon zeigt uns, welche ausschlaggebende Rolle der Verdunstung zukommt. Aber auch die Flüsse lehren uns, wie sehr ihre Wasserführung nicht allein von den Niederschlägen, sondern auch von der Verdunstung abhängig ist. Die wasserreichen Ströme der Tropen bleiben wasserreich, bis sie sich ins Meer ergießen. Denn die mit Wasserdampf gesättigte Luft verhindert eine stärkere Verdunstung (Orinoko, Amazonas, Niger, Kongo, Sambesi). Sie entspringen und münden innerhalb des Tropengürtels. Anders der Nil. Auch er lebt von den tropischen Regengüssen. Aber er muß auf seinem Lauf durch die trockenen Subtropen 97—98% seiner Wassermassen an die Luft abgeben. Minimal wiederum ist die Verdunstung in den kalten, dem Pol zugewandten Gegenden. Daher finden wir in Skandinavien, Nord-Rußland und Sibirien, ebenso in Kanada sehr wasserreiche Flüsse.

Das Meer erhält also seinen Zuschuß in einer örtlich sehr ungleich verteilten Weise: Starker Zuschuß im Tropengürtel; dazu ein zweites Maximum, das die Kontinente dem Meer spenden, in den nördlichen Eismeeren. (Die südlichen Eismeere sind mit Ausnahme der Polkappe land-frei.) Das Meer erhält also am meisten Zuschuß da, wo es ihn am wenigsten benötigt, nämlich wo es selbst auch die geringste Verdunstung aufweist: in den Tropen im Bereich der Windstillen und in den nördlichen Eismeeren. Dies muß also notwendig zur Ausbildung steter

Strömungen führen, durch die die Überschußgebiete ihre Wassermassen den anderen zugute kommen lassen.

Wenn auch die Gezeiten und weiter vor allem die stetigen Winde auf dem Meere in hohem Maße an der Ausbildung von Strömungen, und wenn auch die Erddrehung an deren Richtung beteiligt sind, so hat die besprochene Verteilung der Niederschläge und die Verdunstung auf dem Meer und der ungleiche Zustrom vom Land doch auch einen sehr wesentlichen Einfluß auf sie.

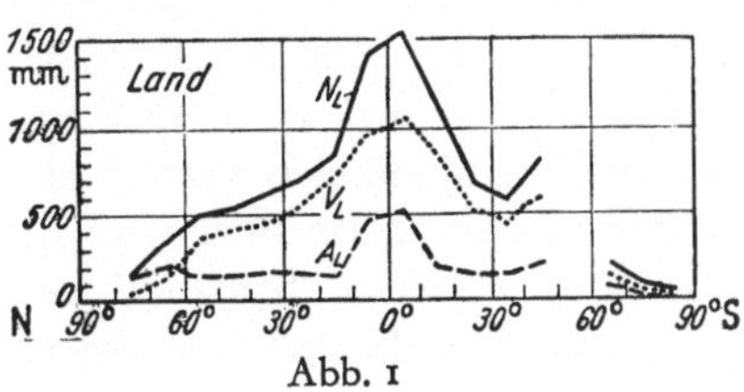

Abb. 1

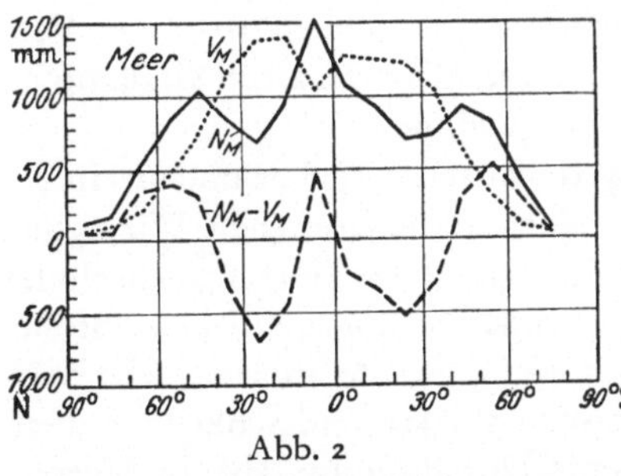

Abb. 2

Abb. 1 u. 2. Niederschlag (N), Verdunstung (V) und Abfluß (A) nach Breitenzonen in mm/Jahr, in Abb. 1 für Landflächen, in Abb. 2 für Ozeane (E. Reichel)

Diese kurze Betrachtung hat also gezeigt: Das Meer ist ein Zuschußbetrieb.

Man kann den Wasserhaushalt aber auch anders sehen: Das Meer läßt mit seiner Wolkenbildung die Kontinente überhaupt erst leben. Es müßte über diesem dauernden Schenken bankerott werden, wenn ihm nicht die Flüsse den Überschuß der Kontinente wieder zuführen würden (Abb. 1 u. 2).

Letzten Endes ist es die Strahlungswärme, die den Wasserumlauf der Erde bestimmt. Sie bewirkt Erwärmung des Wassers, des Bodens und der Luft. Sie führt zur Verdampfung und wieder zur Kondensation. Dadurch ist eine wechselseitige Verkettung des Wasser- und des Wärmehaushalts gegeben.

2. Das Meer — Urquell des Lebens

Welche Ingredienzien gebraucht das Meer, um Leben zu produzieren und zu unterhalten? „Das Meer liefert seinen Organismen alle Stoffe, die sie benötigen." So kann man lesen. Ist es aber nicht richtiger, zu sagen: Die Organismen machen von den Stoffen Gebrauch, die ihnen das Meer bietet. Denn zuerst war das Meer. Und die in der Zeit darin entstandenen Organismen sind das Produkt dieses Milieus.

Und nun nochmal die Frage: Welche Ingredienzien enthält das Meer? Der Chemiker hat wohl die meisten erfaßt: 48 sind bereits nachgewiesen. Die Analyse des Meerwassers allein hätte ihm aber nicht alle Spurenstoffe verraten, die unter den 48 Stoffen enthalten sind. Bei zu weit gehenden Verdünnungen versagt das Reagenzglas. Es gibt aber unter den Meeres-Organismen manche, die bestimmte Spurenstoffe anreichern; so gibt es „Sammler" von Vanadium, von Cadmium, von Nickel, von Kobalt, von Strontiumphosphat u. a. Diese helfen dem Chemiker, Stoffen auf die Spur zu kommen, die das Meerwasser in so überaus starker Verdünnung enthält, daß man gewaltige Wassermassen eindampfen müßte, um geringste Mengen zu gewinnen.

Aber nun wollen wir etwas systematisch vorgehen und uns in der Meeresküche nach den verschiedenen Stoffen umsehen. Wir stellen fest: Das Meerwasser ist radioaktiv und zwar in sehr wechselnder Stärke: Im m^3 findet man 1,2—17mal 10^{-6} mg radioaktive Stoffe.

Das Meerwasser enthält etwa 3,5% gelöste anorganische Substanzen. Dazu kommen organische gelöste und schließlich auch suspendierte Stoffe. 3,5% ist eine Durchschnittszahl. In Meeresbuchten, die starken Süßwasserzustrom und geringe Verdunstung aufweisen, kann die Versalzung weit unter 3,5% liegen. Die Ostsee hat von Westen nach Osten einen stetig abnehmenden Gehalt an anorganischen gelösten Stoffen. Im Bottnischen Meerbusen ist er auf 0,3% gesunken. Im großen Belt beträgt der Salzgehalt an der Oberfläche 1,5%, im Kattegatt 2%.

Auch das Abschmelzen der Eisberge, des „Bergeises" (im Gegensatz zum „Feldeis", das aus Meerwasser entsteht), kann im Sommer den Salzgehalt der von den Polen abfließenden Strömungen (Labradorstrom) mindern. Andererseits kann die Konzentration auch erheblich über 4% steigen. So im Roten Meer. Denn hier trifft starke Verdunstung mit geringster Süßwasserzufuhr zusammen.

Am stärksten vertreten von den 48 Stoffen sind die, die sich am leichtesten lösen, allen voran das hygroskopische Kochsalz.

Denn nicht nur vom Meeresboden werden solche Stoffe ausgewaschen, sondern vor allem auch durch Grundwasser, Bäche und Flüsse. Dabei ist zu beachten, daß die Löslichkeit einer Substanz oft durch das Vorhandensein einer anderen beeinflußt wird. So ist Calziumphosphat löslicher in Gegenwart von Magnesiumverbindungen; Kalk wird am Boden durch Eisen und Aluminium gebunden.

Unter den 3,5 Gewichtsprozenten sind 3,1 % Chlorverbindungen (mit 2,7% Kochsalz). Ferner 0,38% schwefels. Salze und 0,02% kohlens. Salze u. a. In Küstennähe verraten veränderte Prozentzahlen mancher Substanzen, daß hier ein stärkerer Umsatz besteht, einmal ein stärkeres Nehmen, dann wieder ein reichlicheres Geben. Jod findet man in der Nähe von Schwämmen und von Kraut stärker vertreten als im offenen Meer. Denn diese Jodsammler entnehmen es ständig den vorbeiflutenden Wassern und geben nach ihrem Absterben erhebliche Mengen dem Meer zurück. So kommt es, daß der Jodgehalt zwischen 20 und 2800 mg/m^3 Wasser schwanken kann. Aus gleichem Grund schwanken auch die Zahlen für Stickstoff und Phosphor in Ufernähe viel stärker als im offenen Meer. Da der Phosphor bei manchen Pflanzen durch Arsen funktionell vertreten wird, findet man auch hier in der Nähe solcher Gelege Schwankungen zwischen 20 bis zu 80 mg auf den m^3. Gold ist in manchen Organismen rel. konzentriert vorhanden, gemessen an dem goldarmen Meerwasser, goldarm besonders in den Schichten unter 300 m. Die Spender des Goldes sind vor allem die Flüsse.

Nicht nur beim Gold kann man auch im offenen Meer Konzentrationsunterschiede in vertikaler Richtung feststellen. Nitrate und Phosphate findet man im Lichtbereich weitgehend von den Organismen festgelegt, und somit dem Wasser entzogen. In größeren Tiefen dagegen sind sie in namhaften Mengen im Wasser zu finden.

Hier stoßen wir auf ein seltsames Problem: Die kalten Meere zeigen eine hohe Produktion, die warmen Meere sind von geringer Fruchtbarkeit. Die Polarmeere überraschen aber neben der Massenproduktion bisweilen durch ihre Artenarmut, gemessen an der üppigen Vielgestaltigkeit der Lebewesen in den warmen Meeren. Woran liegt dies?

Möchte man doch hier geradezu von einem Versagen des Wärmefaktors sprechen. Was dieser sonst vermag, zeigt uns ein Vergleich der üppigen tropischen Wälder mit den Tundren und vor allem mit der armseligen, im wesentlichen aus Flechten bestehenden Flora des hohen Nordens. Die Niederschlagsmengen geben hier keinen Ausschlag. Wie kommt es also, daß es in den Meeren umgekehrt ist, daß die Fruchtbarkeit der kalten Meere die der warmen in so hohem Maße übertrifft, daß der Anblick des Fischerhafens hier und dort völlig verschieden ist, ebenso verschieden wie das Bild des Fischmarktes. Im Norden geht es quantitativ nach Tonnen, am Äquator nach Zentnern und Kilogramm; im Norden stehen an der Landungsstelle hunderte von Fässern bereit, die aber der Aufnahme oft nur einer einzigen Fischart dienen. In den warmen Meeren — man kann dies in Genua, wie in Venedig, in Neapel wie in Palermo beobachten — bietet eine jede Verkaufsbude des Fischmarktes einen Überblick nahezu über alle nicht mikroskopischen Arten, die das warme Meer erzeugt. Die ganze Meeres-Zoologie findet man hier oft auf einem kleinen Tisch ausgebreitet. Es liegt dies keineswegs nur daran, daß im Mittelmeer alles Getier verwendet wird, während die Fülle der Fischausbeute im Norden auf manche, weniger ergiebige „Früchte des Meeres" verzichten läßt.

Wir wollen diese Unterschiede nicht als eine Selbstverständlichkeit hinnehmen, sondern uns durch diese „Selbstverständlichkeit" in Erstaunen setzen lassen und nach der Erklärung suchen.

3. Die versenkte Vorratskammer

Versenkt in die Tiefen der warmen Meere.

Ständig rieselt im Meer ein Regen abgestorbener mehr oder weniger zersetzter Organismen in die Tiefe. Was auf den Boden sinkt, ist meist oxydiert. Diese Oxydationsvorgänge bedeuten einen Sauerstoffverbrauch durch die fäulnisfähigen Substanzen, einen Verbrauch, der im Anfang, d. h. oben am stärksten ist, und nach unten mit fortschreitender Mineralisierung abnimmt. Dieses „oben" liegt aber immerhin schon unterhalb der stark bewohnten Zone. In Tiefen von einigen 100 m ist die Sättigung des Wassers mit Sauerstoff erstaunlich gering. Sie kann 30% unterschreiten.

Hier also finden die lebhaftesten Zersetzungen statt. In größeren Tiefen steigt die Sättigung wieder über 55 %, um in großen Tiefen 80 % zu erreichen.

Was bei größeren Tiefen auf dem Boden anlangt, ist somit oxydiert. Skelette werden hier mit der Zeit mit Eisen, Manganoxyd und Mangan-Eisen, von Vulkanen stammend, inkrustiert. Die Fette der Diatomeen (Kieselalgen), dann aber auch der Fische und Wale, werden in Fettsäuren und Glyzerin zerlegt. Man muß annehmen, daß dieser Vorgang auf fettspaltende Enzyme zurückzuführen ist, die von den Tieren stammen.

Die Wassersäule von oben nach unten enthält also stetig fortschreitende Zersetzungsprodukte: Kolloidale-Proteinlösungen, die dann allmählich Aminosäuren weichen, Fette, die in Fettsäuren und Glyzerin übergehen, wobei die Fettsäuren schließlich verseifen (Alkalimetall-Seifen). Die organische Substanz nimmt allmählich ab, die Mineralisierung zu. Wenn der Gehalt an organischen Substanzen mit 10 mg je Liter angegeben wird, so ergibt dies somit kein klares Bild, sofern die Höhe, aus der das Wasser gewonnen wurde, nicht genannt ist.

Die Annahme, daß die oberen Schichten des Meeres, die bis gegen 200 m Tiefe besonders stark bevölkert sind, von dem leben was sie produzieren, ist nicht haltbar; sie sind nicht autark, auch wenn wir die Sonnenstrahlen, die in das Wasser eindringen, mit hinzurechnen. Dieses System ist nur scheinbar in sich geschlossen. Mit Hilfe der Sonnenstrahlen können die Algen assimilieren und sich vermehren. Sie sind Nahrung für Kleintiere, und diese wieder für Großtiere. Aber alles, was nicht gefressen wird, sinkt schließlich als Leichnam in die Tiefen, ebenso der größte Teil der Exkremente. Das System ist also durchlöchert. Zwar führt ihm die Sonne immer wieder Energie zu, nach unten aber gehen ihm kostbare Substanzen ständig verloren, die schließlich zur völligen Erschöpfung des Systems führen würden, wenn kein Ersatz stattfände. Dieser Ersatz ist in kalten Meeren in vollem Maße gegeben, fehlt aber in warmen Meeren zwar nicht ganz, ist aber hier sehr gedrosselt. Wir wollen sehen warum.

In den warmen Zonen unseres Planeten geht die Oberflächentemperatur des Meeres nicht bis auf 4° zurück. In der Tiefe herrschen aber auch hier ständig niedere Temperaturen etwa um

4^0 herum (aber auch bis zu 2^0). Bei 4^0 ist das Wasser am schwersten, da seine spezifische Dichte am größten ist. So ergibt sich, daß in den warmen Meeren auch mit einfallendem Winter keine Vertikalströmungen auftreten. Das Oberflächenwasser bleibt immer leichter als das Tiefenwasser, weil es nie so weit abkühlt als dieses. Die Wasserschichtung ist somit das ganze Jahr über weitgehend stabil.

Die tiefsten Wasserschichten sind zwar reich an Phosphaten und Nitraten; aber dieser Vorrat bleibt Vorrat, unfruchtbarer Vorrat, da er nicht an die Oberfläche kommt und da die meisten Algen, die damit etwas anfangen könnten, in völliger Dunkelheit nicht zu existieren vermögen. So wird erklärlich, warum Phosphate (P_2O_5) in den Oberschichten der warmen Meere auch noch unterhalb der belebten Zone in kaum meßbaren Mengen gefunden werden, während in großen Tiefen 200 mg im m^3 davon vorhanden sind. Ebenso wächst der Nitratstickstoff von oben (mit 100 mg/m^3) nach unten (über 500 mg/m^3) ständig an.

Und nun fügen wir gleich hinzu, daß solche Differenzen zwischen oben und unten in den kalten Meeren nicht vorkommen. Hier brauchen wir nicht Tiefenwasser heraufzuholen, um einen Gehalt von 200 mg P_2O_5 im m^3 feststellen zu können, hier finden wir solche Mengen bereits an der Oberfläche. Das, was in den Tropen in der Vorratskammer am Boden festgehalten wird, ist in den kalten Meeren ständig über alle Tiefen verteilt. Die kalten Meere haben keinen unfruchtbaren Tresor in ihren Tiefen. Denn die Vertikalströmungen, die in jedem Herbst einsetzen, arbeiten dem entgegen. Sinkt die Temperatur des Oberflächenwassers bis auf 4^0, so fällt dieses nun spezifisch schwerste Wasser in die Tiefe und drückt das an Mineralien und Nährstoffen reiche Tiefenwasser nach oben. Die Auswirkung davon sehen wir dann in der gewaltigen Produktion der kalten Meere, die sich in den Fischereihäfen oft in endlosen Reihen von mit Fischen gefüllten Fässern dokumentiert oder in den die ganze Gegend charakterisierenden Vorhängen, die aus zum Trocknen aufgehängten Fischen bestehen.

Auch die Mikroorganismen lassen uns die verschiedene Fruchtbarkeit der kalten und warmen Meere erkennen.

Höchste Organismenzahl findet man in den Schelfgebieten in Küstennähe. Hier erhält man Werte von einigen Hunderttausend, aber auch bis zu 2000000 im Liter.

Für das freie Meer kann man folgende Durchschnittszahlen annehmen:

Tiefe	Zahl der Organismen pro Liter	
	in kühlen Meeren	in trop. warmen Meeren
0 m	20000	2300
100 m	2800	800
400 m	200	70

Aber auch in großen Tiefen findet man noch Algen; so in 1000 m immer noch 87 im Liter und in 5000 m 15 im Liter. Diese in abyssalen Tiefen lebenden Algen sind olivgrün und leben vermutlich von gelösten organischen Stoffen, die ihnen durch den Leichenregen ständig zurieseln und aus denen sie lebende Substanz aufzubauen vermögen.

In den warmen Meeren findet man bisweilen in 50 m Tiefe mehr pflanzliches Plankton als an der Oberfläche.

Wir stellen also fest: in den Tropen ständiger Verlust von wichtigen Substanzen durch Festlegen derselben in den Tiefenschichten. Spärliche Ergänzung des Verlorenen durch die von den Polen kommenden Meeresströmungen. Eine Zufuhr aus den tropischen Flüssen spielt im großen Ozean — von Schelfregionen abgesehen — überhaupt keine Rolle, wohl dagegen im Atlantischen Ozean. Im Stillen Ozean ist somit in der heißen Zone das Produktionssystem am wenigsten von außen her gestört. Hier können wir eine weitere Überlegung am leichtesten durchführen.

Wenn es nun richtig wäre, daß all die zur Produktion der lebendigen Masse nötigen Faktoren (wir können hier von der Sonnenenergie absehen) dem tropischen Meer ständig verloren gehen und in der Tiefe tesauriert werden, und wenn der Ersatz ständig, wenn auch in mäßigem Umfang, von den Polarmeeren gestellt wird, so müßten doch die kalten Meere und ihre Boden im Verlauf der Jahrmillionen längst ausgelaugt sein. Ganz besonders gilt dies für das südliche Eismeer, das keinerlei Zufuhr von Mineralien aus Flüssen erhält. Die Wale lehren aber, daß von einer Verödung hier keine Rede sein kann. Wie erhält also der Stille Ozean immer wieder Ersatz dessen, was er ständig den warmen Zonen abgibt, wo es dann in der Tiefe dem Kreislauf entzogen wird? Besonders eindringlich wird diese Frage vom südlichen Teil des Stillen Ozeans gestellt, weil hier jede Ergänzung der Stoffe und der Spurenstoffe durch Flüsse fehlt.

Wir kommen hier zu einem Postulat, dessen Nachprüfung außerordentlich schwierig ist. Der Tresor in der Tiefe des Weltmeeres muß ein Loch haben. Aber nicht nach oben entweichen ständig die kostbaren Stoffe, sondern nach der Seite — nach Norden und nach Süden. Das will sagen: Wenn auch in den warmen Meeren die Vertikalströme fehlen, so müssen doch *horizontale* Tiefenströmungen vorhanden sein, die den kalten Meeren wieder das zubringen, was sie in den oberen Schichten dann wieder an die Tropen verschenken.

Dabei wollen wir nicht vergessen, daß dieser große Nahrungs-Kreislauf vom Pol in Richtung zum Äquator, von hier in die Tiefe und dann wieder in der Tiefe der tropischen Meere polwärts, daß dieser Kreislauf nicht ganz in sich geschlossen ist, da sowohl der Atlantische Ozean in der äquatorialen Zone als auch das nördliche Eismeer (von Nord-Amerika, Nord-Europa und Sibirien her) namhafte Zufuhren lebenswichtiger Stoffe durch die Flüsse erhält.

Was sagt nun die Forschung dazu? Gibt es solche horizontale Tiefenströmungen, die vom Äquator nach den beiden Polen ziehen, Strömungen, die sich selbst in den gewaltigen Tiefen von 10000 m (bei Mindanao 10800 m) bemerkbar machen?

Strömungen in großen Tiefen zu bestimmen ist außerordentlich schwierig, da die feste Verankerung eines Schiffes über Tiefen von mehreren tausend Meter nur gelegentlich, nicht aber in systematischer Arbeit durchgeführt werden kann. Man ist in diesem Falle darauf angewiesen, aus Differenzen in der Temperatur, im Salz- und im Gasgehalt (O_2) und aus Berechnungen Schlüsse zu ziehen, inwieweit in den Tiefen der vorhandene „Wasserkörper" sich gegenüber einem anderen verschiebt. Hierbei können schon minimale Unterschiede eine Aussage gestatten. Wir sind aber heute noch weit davon entfernt, aus solchen Ermittlungen eine vollständige Übersicht über den Verlauf der Tiefenströmungen zu gewinnen. Immerhin läßt sich das Eine schon sagen, daß auch in den größten Tiefen das Wasser nicht ruht. Sonst könnte kaltes Antarktisches Bodenwasser von nur 2^0 nicht weitab von der

Antarktis in größten Tiefen gefunden werden. Aber „Kein Mensch vermag zu sagen, ob das Wasser in seinem Umlauf von der Antarktis bis hinauf zum Äquator und wieder zurück hundert Jahre oder zehntausend Jahre braucht.“ (Bericht im US-Nationalausschuß für Geophysik.)

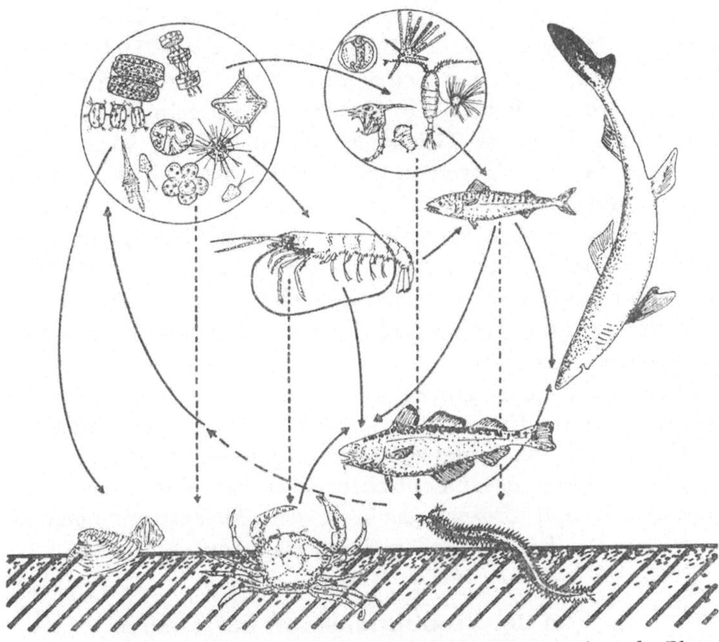

Abb. 3. In der See beginnt der Lebenszyklus mit der Photosynthese des Phytoplanktons. Dies wird vom Zooplankton und anderen Organismen als Nahrung aufgenommen. Diese wiederum von carnivoren Fischen. Absinken der absterbenden Organismen, wo sie von Bodentieren und Bakterien aufgenommen werden (nach GORDON A. RILEY)

Nun gibt es aber doch eine Menge Tiefenformen: Krebse und Riesenkraken. Nutzen diese nicht in den tropischen Meeren die angesammelten Schätze, die ständig von oben herabrieseln? Aber diese Schätze sind zum größten Teil mineralisiert und könnten somit erst über den Umweg assimilierender Pflanzen den Tieren zur Nahrung werden. Nur was noch als Aas in die Tiefe gelangt, kann verwertet werden. Und zwar in gelöster Form auch von den olivgrünen Algen der abyssalen Tiefen. Diese weitverbreiteten, in gewaltigen Mengen vorhandenen, organischen niedermolekularen und gelösten Eiweißprodukte sind von großer Bedeutung für den Haushalt des Meeres.

Die Totengräber in den Tiefen werden vor allem von Tiefseekrebsen gestellt. Diese und ihre Kollegen dienen wieder den Fischen zur Nahrung und die Fische werden von Tintenfischen verspeist. Der gewaltigste Räuber, der in größere Tiefen einzubrechen vermag, um dort sich an die riesigen Tintenfische heranzuwagen, ist der Potwal, ein Ungeheuer von 20 m Länge. Sein Kunststück, in große Tiefen tauchen zu können, wird immer wieder bestaunt. Wir werden später in dem Kapitel, das von den Walen handelt, davon zu sprechen haben.

Er ist der einzige Riese, der in warmen Meeren genügend Nahrung findet. Aber er findet sie eben nur in der Tiefe. Nur seine Tauchkünste ermöglichen ihm ein Leben in den warmen Meeren. Denn dort, am Grund allein, findet er seine Nahrung — die großen Tintenfische.

Drei Möglichkeiten gibt es, wie Tiefenwasser wieder nach oben gelangen kann: Erstens durch Vertikalströmungen; zweitens durch den Sog, der durch ablandige Winde hervorgerufen wird, da diese ständig das Oberflächenwasser der Küste meerwärts verfrachten, und drittens dadurch, daß Tiefenströmungen an einer Barriere (Ufer) anstoßen (Benguela-Strom).

4. Von der Produktionskraft des Meeres

Fragt man nach der Produktionskraft des Meeres, so muß man zunächst erklären, daß die Frage falsch gestellt ist. Produktionskraft wäre zu messen an dem, was dem Meer unter günstigsten Umständen *dauernd* entnommen werden könnte. Dies würde voraussetzen, daß es optimal bewirtschaftet werden kann. Wirklich bewirtschaftet werden aber nur relativ kleine Teile des Meeres und hier besteht die einzige Maßnahme, die von einer Bewirtschaftung reden läßt, meist nur darin, daß man versucht, eine Überfischung zu verhindern. Angst um Profit hat die Völker veranlaßt, den Walfang zu limitieren. Man kann aber deshalb noch keineswegs von einer Bewirtschaftung des südlichen Eismeeres sprechen.

Begnügen wir uns also damit, zu fragen, was der Mensch heute dem Meer abgewinnt, und zwar an Nahrung abgewinnt, und versuchen dann im speziellen Teil hier und dort die Möglichkeit einer gesteigerten Bewirtschaftung zu untersuchen.

Die Schätzungen, welchen Anteil die Produktion der Meere an der Ernährung des Menschen nimmt, gehen so weit auseinander, daß man sie zum Teil als mehr oder weniger wertlos ansprechen muß. Sie liegen bei „weniger als 1%", dann aber auch bei 3%. Aber auch zweistellige Zahlen werden genannt. Andere geben 2% bzw. 3% des Protein-Bedarfs an. Als jährliche Anlandung kann man z. Z. 27000000 t annehmen, von denen 1/3 als Viehfutter, Öle und andere Industrie-Produkte verwendet werden.

Nun haben wir schon darauf hingewiesen, daß die kalten Meere fruchtbarer sind als die warmen. Wie sehr aber die Produktionsangaben im übrigen gar nicht von der Bildung von Nahrung, sondern vor allem von der Intensität der Befischung ausgehen, machen zwei Zahlen klar. An der Gesamtproduktion — oder richtiger gesagt — an dem Gesamtfang ist die nördliche Hemisphäre mit 98% beteiligt. Obwohl die südliche Hemisphäre ein mehrfaches an Wasserfläche aufweist, erscheint sie im Gesamtfang mit nur 2%. Wohl sind die Uferzonen — die auf der südlichen Halbkugel nahezu fehlen — besonders fruchtbar, aber es kommt noch hinzu, daß auf der nördlichen Halbkugel in die Kette der Fresser sich infolge stärkerer Befischung viel öfter der Mensch einschaltet, während auf den Weiten der südlichen Meere sich das Werden und Vergehen ohne Mitbeteiligung des Menschen vollzieht.

Produktion wird meist im wesentlichen identisch mit Ausmaß des Fischfangs angenommen. Nehmen wir aber die Pflanzen hinzu und unterstellen, daß diese auch nur zum geringen Teil vom Menschen — vom Menschen der Zukunft — gewonnen und konsumiert werden, so ändern sich die oben angegebenen Zahlen bereits total. Ist doch schon errechnet worden, daß die Produktion der Pflanzen die der Tiere um das tausendfache übertrifft. Unter Pflanzen sind hier vor allem einzellige Algen (99%) zu verstehen. Wir werden uns mit diesen Zukunftsplänen noch zu beschäftigen haben.

Uferzonen und Schelfgebiete, d. h., Teile des Kontinentalsockels, deren Tiefe äußerst 200 m erreicht, sind am fruchtbarsten.

Mehrere begünstigende Faktoren kommen hier zusammen: Das Licht ist in 100—200 m noch gut wirksam, so daß die Ur-Fabrikanten, die Algen, gedeihen können. Die von Flüssen gespendeten Stoffe, die zum Aufbau nötig sind, zerstreuen sich um so weniger, je flacher der Meeresteil ist, in den diese einmünden. Und schließlich kann an besonders flachen Stellen (Nordsee) durch starken Wellengang die herbstliche Vertikalzirkulation auch schon unter dem Jahr ergänzt werden.

Große Schelfgebiete, die im Mündungsbereich von Flüssen liegen und die außerdem wenigstens zum Teil im Herbst einer Vertikalströmung ausgesetzt sind, finden wir in der Nord- und Ostsee, südlich von Irland und von da an der Küste von Frankreich nach Süden verlaufend, ferner in großen Teilen der Nordpolarmeere, und in dem nördlichen Teil des Gelben Meeres (Mündungsgebiet des Hwang-ho, des Liao-no u. a.). Weniger intensiv können sich die Schelfgebiete auswirken, die zwischen Hinterindien, Sumatra, Java und Borneo liegen, ebenso wie auch der ausgedehnte Meeresteil zwischen Neu-Guinea und Australien und der Persische Golf. Hier macht sich bei der starken oberflächlichen Erwärmung das Fehlen jeder Verbindung mit dem Bodenlaboratorium bemerkbar, in der Java-See außerdem auch das Fehlen von größeren Flüssen.

In dem Kontinent Amerika vom Norden bis zum Kap Horn ist den Westufern nirgends ein größeres Schelfgebiet vorgelagert. Nord-Amerika ist daher mit nur 16% am Weltfischfang beteiligt, Europa mit 32% und Asien mit 49%. Afrika hat so gut wie keine Schelfgebiete. Und doch könnte der Fischfang im Meer dort eine größere Rolle spielen, insbesondere an der Südwestküste, die in besonderer Weise begünstigt ist — begünstigt, obwohl es sich um tropisches Gebiet handelt und obwohl nur ein ganz schmales Schelfgebiet der Küste vorgelagert ist. Hier kommt das Südpolarmeer zur Hilfe.

Eine hohe Fruchtbarkeit findet man bei warmen Meeren nur da, wo das vom Pol her zuströmende, nahrungsreiche Tiefenwasser in Küstennähe hochgetrieben wird. Solches Auftriebwasser findet man an der Küste von Chile und Peru und an der Westafrikanischen Küste vom Kap der guten Hoffnung bis etwa Benguela, d. h. bis dahin, wo der von Süden kommende kalte Benguelastrom nach Westen abbiegt. Nördlich dieser Zone ist das Meer auch in Küstennähe unergiebig.

In dieser Zone kommt es auch bisweilen zu ungeheurem Massensterben aller Organismen und zwar in einem schmalen Küstenstreifen nie weiter als 10 Meilen vom Ufer entfernt — wie Nühmann berichtet —, wohl aber 600 km längs desselben. Industrielle Verunreinigungen schalten hier aus. Zunächst wird das Wasser meist blutrot (red water), bisweilen auch grün, gelb oder braun, je nach den Algen (Dinoflagellaten), die vorherrschend beteiligt sind. Der ungeheuren Algenvermehrung folgt ein katastrophales Algensterben. Die Leichen verbrauchen nun allen Sauerstoff. Daher folgen den Algen alle tierischen Organismen in den Tod. Während an der Oberfläche bei 0 m noch normaler Sauerstoffgehalt festgestellt wurde (= 9,31), fand Nühmann nach Beginn des Sterbens in 10 m Tiefe nur noch 0,59 und in 30 m Tiefe nur noch 0,24 mg im Liter, eine Menge, bei der alle tierischen Organismen eingehen. „In ungeheuren Mengen hatten in der Bucht von Luanda die Fischleichen die Wasseroberfläche und den Boden bedeckt (Tiefe des Meeres bei 50 m). Die Gesundheitspolizei mußte einschreiten, weil man es vor Gestank in der Stadt nicht mehr aushalten konnte!“

Als das red water vorüber war, konnte im ganzen Gebiet kein Fisch mehr gefangen werden. Sie waren umgekommen.

Die zwingendste Voraussetzung zu einem solchen totalen Sterben über 600 km hin ist der Nahrungsreichtum des kalten Benguelastromes, der im südlichen Teil der afrikanischen Westküste an die Oberfläche drückt und sich dabei mit warmen Wasser mischt.

5. Der rote Sonnenschirm

Ein seltsamer Sonnenschirm. Er wird aufgespannt, wo die Sonne nicht scheint. Ja, er wird sogar aufgespannt, *weil* die Sonne nicht scheint. Er wird rot angefertigt, weil keine roten Lichtstrahlen vorhanden sind. Aber auch in gelb, orange und purpur kommt er nicht selten vor.

Warum nun trägt ihn fast die ganze Gesellschaft, die Tiere und die Pflanzen, warum sind so viele von ihnen rot? Rot und Fleischrot sind die Korallen, rot sind viele Schwämme, Würmer und Krebse; rot sind auch viele Uferfische. Man begegnet diesen roten Bodentieren schon bei 10 und 20 m Tiefe und findet sie von da ab soweit hinab, als die Oberflächenwelt des Meeres reicht. Dann werden sie schwarz. Nur die Krebse bleiben bei ihrem Rot. Man findet diese Organismen aber nicht nur zwischen 20 und 200 m; auch nahe der Oberfläche in Felshöhlen und Überhängen, zu denen das Licht nur indirekt gelangt; auch an völlig beschatteten Flachstellen sind solche Formen zu finden. Und was für die Tiere gilt, trifft in noch höherem Maße für Pflanzen zu. Hier sind es ganze Gruppen, die ihre ehedem grüne Farbe aufgegeben haben und zu Rotalgen und zu braunroten Algen wurden, die die tiefere Uferzone beherrschen. (Man hat auch schon vermutet, daß usprünglich die Algen in den Tiefen als rote Pflanzen entstanden wären, und daß erst später ein Hinaufwandern verbunden mit einem Grünwerden eingetreten sei. Es ist aber zu beachten, daß die Rhodophyzeen auch Chlorophyll besitzen, das jedoch von den anderen Farbstoffen überdeckt wird. Zerreibt man ihre Zellen in Wasser, dann geht der rote und blaue Farbstoff in Lösung und das Gewebe wird grünlich.)

Warum läßt das Leben bei gedämpftem Licht so häufig rot werden?

Im Wasser werden die langwelligen Lichtstrahlen (rot, orange, gelb) erheblich stärker absorbiert als die kurzwelligen (blau und violett). Rote und orange Strahlen haben im Meerwasser einen etwa 10 mal so hohen Absorptionskoeffizienten als die blauen Strahlen. Dies bedeutet, daß aus dem eindringenden Licht sehr schnell die langwelligen roten und orangen Strahlen herausfiltriert werden und daß sie schon bei 20 m Tiefe nur noch in minimalen Mengen vorhanden sind, während das blaue Licht immerhin in 100 m Tiefe noch zu 1,4% einzudringen vermag und in minimalen Spuren günstigsten Falls (Sargasso-Meer) einige 100 m tief noch nachweisbar ist. Erst ab 600 m herrscht absolute Dunkelheit — für uns. Die photographische Platte zeigt aber bei 1500 m noch eine Lichteinwirkung. Da in solchen Tiefen aber Fische, Tintenfische und andere Tiere oft mit Leuchtorganen ausgestattet sind, dürfen wir annehmen, daß sie die so tief eindringenden Spuren von Sonnenstrahlen nicht mehr auszuwerten vermögen.

Gehen wir nun von den Pflanzen aus. Sie brauchen Licht zur Assimilation. Die energetische Ausbeute der verschiedenen aufgenommenen Energien ist

bei Rot	660	$m\mu$	59%
bei Gelb	578	$m\mu$	54%
bei Blau	436	$m\mu$	34%.

Die Pflanzen arbeiten somit am rationellsten, wenn sie vor allem die roten Strahlen zurückbehalten. Da sie zum großen Teil die übrigen Strahlen zurückwerfen, erscheinen sie uns grün. Da nun aber im Wasser ab 10 und 20 m die roten Strahlen schon stark ausgelöscht sind, so nutzt jetzt die Pflanze am besten die noch reichlich vorhandenen grünblauen und blauen Strahlen aus und wirft nun die langwelligen Strahlen zurück, sofern sie noch in Spuren vorhanden sind. Das heißt, die Pflanze erscheint jetzt in der Komplementärfarbe zu blau und grünblau, und dies ist rot und orange. Allerdings wird sie zumeist an ihrem Standort in größeren Tiefen schwarz aussehen, weil keine roten Strahlen mehr vorhanden sind, die zurückgeworfen werden könnten. Holen wir sie aber herauf ans Tageslicht, dann erscheint sie rot.

Und jetzt fragen wir, warum ist sie nicht schwarz? Hätte sie dann nicht den Vorteil, alle Strahlen, auch den Rest der noch eindringenden roten Strahlen absorbieren und energetisch verarbeiten zu können? Die Frage erscheint um so mehr berechtigt, als viele Rotalgen auch noch in höhere Zonen vordringen, in denen noch rote Strahlen auszuwerten wären.

Das Problem läßt sich schon etwas erhellen, wenn wir uns klar machen, daß wir mit gleicher Begründung der Frage nachgehen könnten, warum sind auf dem Land die Pflanzen meist grün, niemals aber schwarz. Könnten nicht auch unsere Landpflanzen viel rationeller arbeiten, wenn sie alle Strahlen auffangen und einspannen würden in ihre Energiefabrik? Dann wäre unsere Welt zwar recht traurig, denn statt grün wäre sie schwarz.

Aber so ohne weiteres könnten die Pflanzen dies auch gar nicht leisten. Sie müßten dazu viel üppiger ausgestattet sein; mit den 4 Farbstoffen des Chlorophyll allein würden sie dann nicht auskommen. Nun findet man bei Rot- und Blaualgen in der Tat neben dem Chlorophyll-Komplex auch noch andere Farbstoffe

(Phycocyan und Phycoerythrin). Einige Blaualgen vermögen sich auf Grund derselben auch chromatisch anzupassen: im roten und orangen Licht reflektieren sie die blaugrünen Strahlen, absorbieren also Rot und Orange, und im gelbgrünen Licht reflektieren sie die violetten Strahlen und absorbieren die gelbgrünen. Eine solche chromatische Adaptation fehlt den Rotalgen.

Damit ist nun freilich immer noch nichts darüber gesagt, warum sich alle Pflanzen der Erde bescheiden und sich nicht in Stand setzen, radikal alle Lichtstrahlen des Spektrums einzufangen. Ob hier grundsätzliche Hindernisse vorliegen? Wir wissen es nicht. Seltsam, daß es auch bei den Blaualgen immer im wesentlichen um ein Entweder-Oder geht, daß aber nicht beide Komplexe zugleich an der Arbeit sind.

Wenn wir auch das „Nichtschwarzwerden" der *Pflanzen* als ein Faktum einfach hinnehmen müssen, — dem Rotwerden der *Tiere* wollen wir doch noch eine kurze Betrachtung widmen. Hier liegt das Problem etwas anders. Die Tiere werfen die roten Strahlen zurück, sofern diese (in höheren Schichten) noch da sind. Da es bei ihnen eine Assimilation nicht gibt, so kann es sich nur darum handeln, durch Absorption von Strahlen entweder Wärmeenergie aufzuspeichern oder sich irgendwie zu tarnen. In beiden Fällen aber wäre es gleichgültig, ob sie rot oder schwarz sind. Beide Wege waren also für die Tiere gangbar, beide brachten ihnen gleichen Vorteil. Warum die einen Formen dem roten, andere wieder dem schwarzen Wegweiser folgten, mag mehr oder weniger eine Entscheidung des Zufalls gewesen sein.

Warum aber finden wir dieses Rot- oder auch Schwarzwerden nicht im Süßwasser? Hierauf müssen wir die Anwort schuldig bleiben. Zu beachten ist, daß hier das Rotwerden mancher Würmer und Insektenlarven (Chironomus) nicht vom Licht, sondern lediglich vom Sauerstoffgehalt des Wassers abhängt. Je weniger Sauerstoff, um so mehr roter Blutfarbstoff muß gebildet werden, um die Atmung aufrecht erhalten zu können.

Im freien Meer sind die kleinen Tiere bis auf etwa 150 m hinab meist durchsichtig, oft so wasserklar, daß man auch Formen von mehreren Zentimetern nicht findet, wenn man sie in einer Glasschale vor sich hat. Zwei schwarze Punkte, die Augen, sind oft das einzige, was man festzustellen vermag.

In größeren Tiefen bis etwa 500 m treten häufig silberige Formen auf. Schließlich werden sie auch im freien Meer schwarz oder rot (Krebse).

6. Illumination — für wen?

Wem zu Nutzen, wem zum Schaden, wem zum Vergnügen? Die letzte Frage ist leicht zu beantworten. Wenn in dunkler Nacht im Mittelmeer das Kielwasser des Schiffes aufleuchtet, wenn jeder Wellenkamm zu einer versprühenden leuchtenden Fontäne wird, und wenn jedes Ruderblatt und ebenso die Hand, die ins Wasser tauchte, leuchtet und all die Tropfen, die herabfallen, zu feurigen Sternchen werden, dann hat der Mensch sein Vergnügen. Er wird aber nicht so töricht sein zu glauben, daß diese Zaubernacht für ihn arrangiert wäre und er wird sich die Frage vorlegen: Wozu diese Illumination? Wem zum Nutzen?

Geht man nachts in das Aquarium in Neapel und löscht die Lampen, dann ist alles dunkel. Rührt man nun mit einem Stock in diesen Aquarien vorsichtig um, so fängt es überall an zu leuchten: Pflanzentiere, frei schwimmende ebenso wie festgewachsene, ferner Medusen, Rippenquallen, Würmer, Schlangensterne, Schnecken, Muscheln, Krebse und Salpen; alles leuchtet, um bald, nachdem die Wasserwirbel zur Ruhe gelangt sind, wieder ihre nächtliche Herrlichkeit einzubüßen. Hat man da nicht den Eindruck, daß jedes Meeresgetier, das einigermaßen etwas auf sich hält, sich auch darauf versteht zu leuchten? Wenigstens in den warmen Meeren. Und im Süßwasser? Keine einzige Form, die zu leuchten vermag. Warum?

Das Meeresleuchten wird durch verschiedene Protozoen hervorgerufen (Noctiluca miliaris, Dinoflagellaten, gelegentlich auch durch Radiolarien). Unter dem Mikroskop sieht man den Körper dieser Mikroorganismen und auch der größeren Formen durchsetzt mit kleinsten leuchtenden Pünktchen, die bei manchen zu einheitlicher Fläche zusammenfließen (Medusen). Die Rippenquallen leuchten längs der Rippengefäße. Auch festsitzende Hydroiden und Anthozoen (Pennatuliden) können leuchten, ebenso Schlangensterne und Nacktschnecken. Bei freischwimmenden Würmern (auch festsitzende leuchten) wird von Hautdrüsen am ganzen Körper ein leuchtendes Sekret abgesondert. In all diesen Fällen scheint es sich beim Leuchten um eine zufällige Begleiterscheinung, um die Auswirkung eines Abbauproduktes zu handeln, die für das Tier völlig gleichgültig ist. Ja, in manchen Fällen mag das Leuchten auch verhängnisvoll werden, so bei einem Schlangenstern (Amphiura filiformis), der bei Reizung irgendwelcher Art aufleuchtet und dabei von den Schollen auf ihren nächtlichen Jagdzügen leicht erbeutet wird.

Eine andere Gruppe zeigt jedoch schon durch Anordnung und Ausbildung bestimmter, oft komplizierter Leuchtorgane, daß sie im Leben dieser Tiere eine Bedeutung haben müssen. So hat die Bohrmuschel (Pholas dactylus) an der Innenseite des Mantels Leuchtorgane. Bei dieser, ebenso wie bei den erwähnten Würmern (Nereis) ist eine besondere Vorkehrung zum Leuchten getroffen.

Die Salpen haben Leuchtorgane, deren Licht von Pilzen ausgeht, die in Symbiose mit dem Wirt leben. Dasselbe gilt für die schönen Leuchtorgane der Tintenfische und vermutlich auch der Tiefseefische. Aber auch Flachwasserfische haben Leuchtorgane. Sie sitzen bei Haien und Knochenfischen auf verlängerten Flossenstrahlen, auf Barteln oder am Rumpf. Hier darf man annehmen, daß sie zum Anlocken der Beute dienen, oder als Schrecklicht, oder als Tarnungslicht und schließlich zur Erhellung der Umgebung. Da, wo eine größere Zahl von Leuchtorganen den ganzen Rumpf flankiert — oft verschiedenfarbig —, mögen sie auch dem gegenseitigen Erkennen der Geschlechter dienen.

Alles ausgestrahlte Licht ist mit minimalster Wärmeentwicklung verbunden. Es ist ein kaltes und somit besonders rationelles Licht. Bei unseren Lampen werden meist nur etwa 4% der Gesamtenergie als Lichtstrahlen ausgesendet; alles übrige geht als Wärme verloren. Bei dem kalten Licht der Organismen werden 80—90% in Licht verwandelt. Der Sauerstoffbedarf läßt erkennen, daß es sich hier um einen Oxydationsvorgang handelt. Auf Reiz hin leuchten die Tiere mit diffusem Licht eine kurze Zeit auf. In der Natur handelt es sich meist um mechanische Reizung (Wasserbewegung). Aber auch Temperaturänderungen und chemische Reize können Leuchten hervorbringen.

Immer wieder muß man sich fragen, warum findet man diese Abbau-Erscheinungen nicht im Süßwasser? Und weiter, warum werden diese zum Leuchten führenden Abbauvorgänge durch Anwesenheit von Licht gehemmt? Eine Antwort kann hierauf noch nicht gegeben werden.

II. Was kann man ernten?

1. Poseidon als Juwelier

Gold — nein, darum geht es hier nicht. Zwar ist Poseidon nicht arm an Gold, aber als Geschäftsmann würde er sagen: Es ist nicht greifbar.

Und damit hat er recht. HABER hat es bestätigt. Es ist zu diffus verteilt. Im Kubikmeter fand er nur 0,001—0,7 mg. Die nordischen Gewässer in der Nähe von Island und Grönland sind am goldreichsten. Von Schweizer Forschern wurden neuerdings sehr viel höhere Werte gefunden. 2 mg pro m^3 wird als Durchschnitt angegeben. Aber auch dies verlockt noch nicht zur Ausbeute.

Wohl wird Gold von Tangen stark angereichert und in der Zellulose festgelegt, so daß sich pro kg bis zu 0,17 mg Gold gewinnen ließe. Das bedeutet eine 100—10000fache Konzentration gegenüber dem Meerwasser. Dies erklärt, daß die Meere mit starker Tangbildung goldarm sind. Die Tange haben es tesauriert. Vielleicht wird man eines Tages diesen Tesaurus öffnen können. Heute wäre das Unternehmen noch zu kostspielig.

Schauen wir uns also bei dem Juwelier Poseidon um, was er sonst an Juwelen anzubieten vermag.

Korallen

Jedes Kind, wenigstens jedes Mädchen kennt das Produkt der roten Edelkoralle und ist glücklich, sich mit einem billigen Kettchen aus Korallenästchen schmücken zu können. Aber auch die Erwachsenen tragen sie gern. Sie tragen sie, wie sie die Natur bietet: in rot, in scharlachrot, in weinrot, in rosa (als die früher so beliebte Engelshaut), ferner in rot-weiß marmoriert und in ganz weiß, selten auch in schwarz; und sie tragen sie in echt, öfter aber in unecht als gute Imitation. Damit der junge Ehemann, der nach dem Süden fährt, sich beim Einkauf recht klug vorkommt und überzeugt ist, daß er dank seiner Schlauheit sicher eine echte Korallen-Brosche gekauft hat, versieht man solche größere Imitationen auf der Rückseite künstlich mit einem Defekt, der täuschend dem Bohrloch eines kleinen Wurmes gleicht. Erfährt der Unglückliche dann später, daß es dem Verkäufer solcher Art gelungen ist, seine Schlauheit sträflich zu mißbrauchen, so kann er sich zumeist mit dem Gedanken trösten, daß diese künstlichen Ketten und Kameen in Deutschland hergestellt worden sind und daß es nicht immer leicht ist, echt von falsch zu unterscheiden.

Als Ersatzstoffe werden verwendet: Celluloid mit Mennige oder Zinnober gefärbt, Porzellan, Marmor, Kautschuk mit Gips gemischt u. a. Fälschungen sind an den Querschnitten, die keine Schichtung zeigen, zu erkennen.

Die *Edelkoralle* = Corallium rubrum und C. japonicum (corallo nobile; Neapolit.: curalle) gehört zu den achtstrahligen Blumentieren. Außer durch geschlechtliche Fortpflanzung vermehrt sie sich auch durch lebhafte Knospung. Dadurch entstehen Kolonien, die bäumchenähnlich wachsen und bis zu einem $^1/_2$ Meter Höhe erreichen können. Im „Innern" haben sie ein Kalkskelett, das zu 85 % aus hartem Kalkspat besteht. Der Jodgehalt ist gering — im Gegensatz zu der „Schwarzen Koralle". Das Wort „im Innern" ist in Anführungszeichen gesetzt, denn dieses Innenskelett wird letzten Endes von der Außenhaut bzw. von eingewanderten Ektodermzellen gebildet. Der junge Polyp sondert erst eine kleine Kalkplatte ab, auf der er aufsitzt. Diese Platte wird dann zu einem Hügel, der bereits von mehreren durch Knospung entstandenen Tieren besetzt ist. Der Hügel wird immer höher, schlanker und wächst zu einem sich verzweigenden Skelett aus, das der Kolonie von innen her Halt bietet.

Die einzelnen Polypen sind durch eine lebendige Masse miteinander verbunden und stehen durch ein reiches Röhrensystem miteinander in Kommunikation. Was der Eine frißt, kommt auch dem Anderen zugute. So wird jede Begünstigung oder Benachteiligung durch den Zufall ausgeschlossen: Eine ideale Freß- und Verdauungsversicherung.

Die ganze Koralle ist rot gefärbt mit Ausnahme der Einzeltiere, die mit ihren acht zarten und aufgefiederten Tentakeln als weiße Sterne aus der roten Masse herausleuchten (Abb. 4). Die lebende Masse, die die Polypen miteinander verbindet, erhält ihre rote Farbe durch viele eingestreute, aber nicht miteinander fest verbundene rote Kalkteilchen. Brauchbar ist nur das feste Skelett im Innern. Der Farbstoff dürfte organischer Natur sein.

Die Edelkoralle findet sich in Tiefen bis zu 200 m bei gleichmäßigen Bedingungen, geringen Wasserbewegungen und schwachem Licht. Die optimale mittlere Temperatur ist 15°. Im Atlantischen Ozean ist die Edelkoralle selten geworden. Die meisten werden heute im Mittelmeer oder an der japanischen Küste erbeutet.

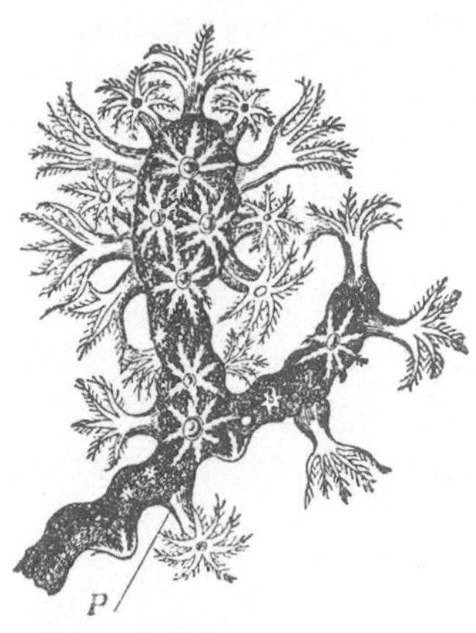

Abb. 4. Stück einer roten Edelkoralle. *P*-Einzeltier. (Lacaze-Duthiers)

Schon vor Chr. hat man im Orient die Edelkoralle als Schmuck verwendet. Erst spät, etwa im 15. Jahrhundert, wurde sie in Europa bekannt. Heute erbeutet man sie durch Taucher oder noch in der alten primitiven Weise, indem man ein mit Gewichten beschwertes Holzkreuz, an dem Netzstücke angebracht sind, über den Boden schleift. Die Balken brechen die Stöckchen ab, die dann in den Netzen hängen bleiben.

Früher wurde das gesamte in Italien und in Japan gewonnene Material in den Korallenschleifereien und -schnitzereien von Torre del Greco (am Fuße des Vesuv gelegen), zum geringen Teil auch in Sizilien in Porto Empedocle verarbeitet. Seit etwa 50 Jahren ist die Ausbeute im Mittelmeer gesunken, die in Japan gestiegen und die Japaner haben eigene Betriebe zur Verarbeitung errichtet (Abb. 5).

Die *schwarze Koralle* (Corallium nigrum) bildet ein hornartiges Skelett, schlank, biegsam, mehrere Meter hoch, aber nicht sehr ansehnlich. Durch Behandlung aber wird es glänzend, ebenholzartig und wird im Kunstgewerbe verwendet. (Armringe, Kameen, Rosenkränze, Griffe von Waffen usw.)

Die verschiedenen schwarzen Korallenarten wachsen vorzugsweise an seichten Stellen und werden hier während der Ebbe mit der Hand gesammelt. Vor allem kommen sie im Roten Meer, in Vorder-Indien und bei den Bermudainseln vor. Das Skelett besteht zu 90% aus organischen Stoffen und ist sehr reich an Jod (bis zu 8%). Auch der Bromgehalt ist ziemlich hoch (4%). Schwefel bis zu 1%.

Perlen

Perlen — „Tau des Himmels“ — „Tränen schöner Frauen“ — und dann wieder werden diese Tränen als eine „krankhafte Bildung“ der Muscheln definiert. Richtiger würde man sagen, wenn man schon auf die poetischen Definitionen verzichtet: Produkt der Abwehrfähigkeit der Muscheln gegen Fremdkörper.

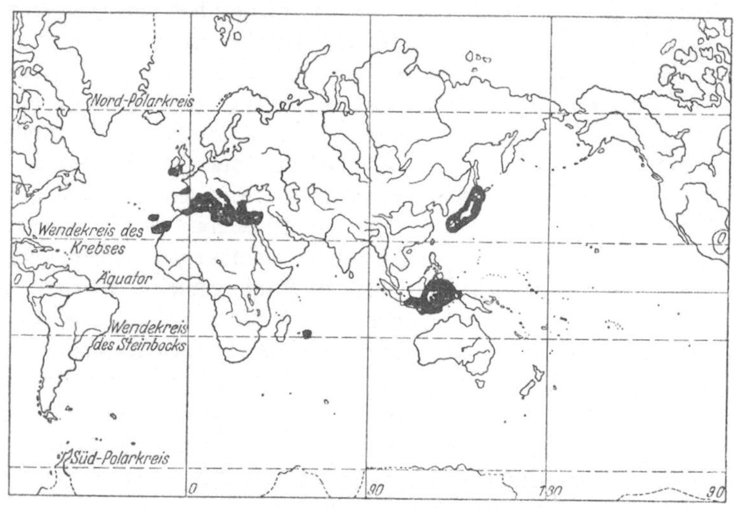

Abb. 5. Verbreitung der Edelkorallen (Córalliiden). Die Fischerei der Edelkorallen wird nur in einigen Teilen des Verbreitungsgebietes (Mittelmeer, Kapverden, Japan) betrieben (aus Pax u. Arndt)

Die Muschelschale zeigt drei Schichten: Außen die oft lederartig aussehende, aus dem organischen Conchin bestehende Periostracum-Schicht (Abb. 6). Darauf folgt die aus einzelnen Kalksäulen bestehende Prismenschicht, der sich nach innen die Perlmutterschicht anschließt. Die Trennung ist nicht immer so schematisch. Man findet häufig feine Conchinlagen auch in den anderen Schichten. Die Perlmuttersubstanz ist so hart, daß sie sich schnitzen, feilen und sägen läßt. Ihr irisierendes Farbenspiel ist bedingt durch die feine Lamellierung, die bei den Perlen, aber auch bei dem Perlmutterüberzug der Schalen zarte Interferenzfarben entstehen läßt, die den Eindruck des Lebendigen hervorzurufen vermögen. Die Schalen werden vom Mantel gebildet, der ihnen locker anliegt.

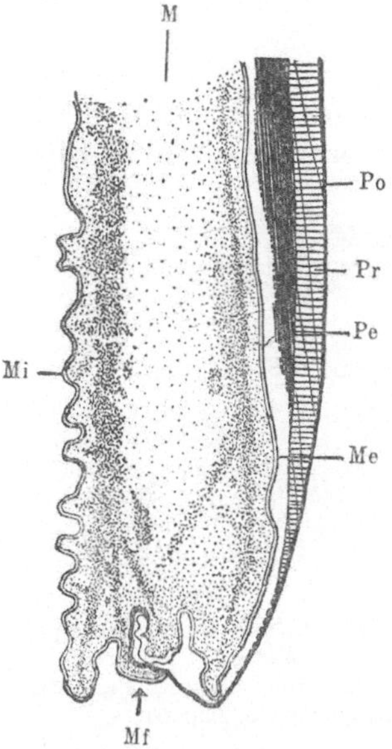

Abb. 6. Schematischer Querschnitt durch den Rand einer Flußmuschelschale mit dem anliegenden Teil des Mantels. Po Periostracum, Pr Prismenschicht, Pe Perlmutter, Me äußeres, schalenbildendes Mantelepithel, Mf Mantelfalte (Bildungsstätte des Periostracum), Mi inneres Mantelepithel, M Mantel (aus Pax u. Arndt)

Perlen entstehen (Abb. 7), wenn irgend ein Fremdkörper (Parasiten, Sand) eine Reizung des Mantels hervorruft, die dazu führt, daß er vom Mantelepithel umschlossen und nun vor allem von Perlmuttersubstanzen eingeschlossen und von Jahr zu Jahr immer mehr umhüllt wird. Es kann aber auch schon genügen, daß bei einer Verletzung des Mantels einige Epithelzellen in die Tiefe, also ins Bindegewebe verlagert werden. Behalten die entstehenden Perlen Konnex mit der Schale, so entstehen festgewachsene Perlen von geringerem Wert. Die begehrteste Perle ist völlig rund (Tropfenförmige werden für Ohrringe verwendet), von lebendigem „Lüster" — das ist das zarte, lebendige Farbenspiel — und möglichst groß. Hauptlieferant ist die Gattung Margaritifera mit vielen Arten. Aber auch andere Muscheln erzeugen gelegentlich brauchbare Perlen (Austern u. a.). Die Perlfischerei ist besonders erfolgreich im Persischen Golf und bei Ceylon. Die Ceylon-Perle erzielt höchste Preise, sie ist rosenfarbig; das schönste Perlmutter der Muschelschale jedoch findet man in Manila. Seltsamerweise trifft beides nie zusammen. Ergiebige Fanggründe sind auch bei Celebes, Japan,

Madagaskar und im Roten Meer. In Ceylon werden jährlich bis zu 50 Millionen Tiere gesammelt.

Die Muschel lebt an seichten Stellen, geht aber auch bis auf 40 Meter in die Tiefe. Meist liegen die Perlen im Mantel oder im Schließmuskel.

Das spezifische Gewicht einer guten Perle liegt bei 2,65—2,68. Je geringwertiger die Perle, um so geringer ist auch ihr spezifisches Gewicht. Eine gute Perle ist bei hoher Elastizität so hart,

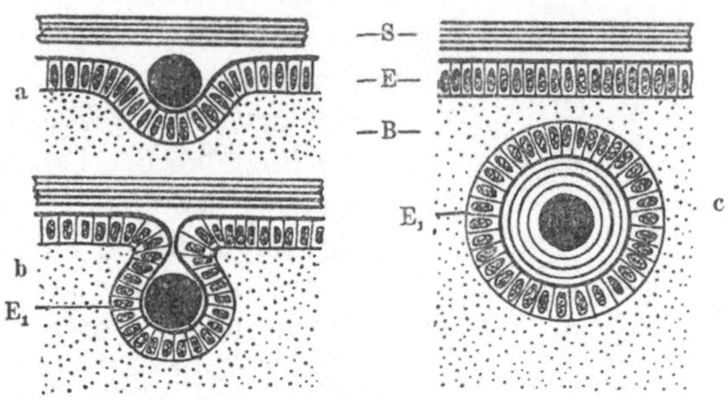

Abb. 7a—c. Schema für die Bildung des Perlsackes. S Schale (Perlmutterlage), E schalenbildendes Mantelepithel, B Bindegewebe des Mantels, E_1 Epithel des Perlsackes. Der in den Mantel eindringende Fremdkörper, späterer Perlkern, ist als schwarzes Kügelchen dargestellt (aus Pax u. Arndt)

daß man schon empfohlen hat, die Echtheit seiner Perle mit einem schweren Hammer auf dem Amboß zu erproben. Säure löst die Perle (Kalk) auf; durch Alkalien blättern die einzelnen Schichten auf. Gegenseitiges Scheuern läßt die Perle „sterben". Sie verliert die Interferenzfarben und ist „tot". Auch durch den Hautschweiß und durch die Säuregase der Großstadt (CO_2 und SO_2) wird die Perle korrodiert. Ihre Herrlichkeit ist also recht vergänglich. Je nach der Trägerin und dem Säuregehalt der Luft lebt sie 50—100 Jahre, selten darüber. Die Riesenperle des Schahs von Persien (2,7 zu 3,5 cm) kann auch dem Verfall nicht entgehen, ebensowenig wie die Perlen in den Kronjuwelen anderer Herrscher. So sind Perlen der Inbegriff des Schmuckes der schönen Frau: bezaubernd, teuer und hinfällig.

Ist es nicht so, als fühlte sich Cleopatra gereizt durch dieses Sterbenkönnen der Perlen, als sie Atonius aufforderte, mit ihr um die Wette Perlen zu trinken, nachdem sie diese in Säure (Essig ?) aufgelöst hatte ?

Sterbende Perlen können gerettet werden dadurch, daß man die bereits korrodierten äußersten Schichten abträgt. In diesem „Schälen“ liegt aber ein Risiko. Man weiß nicht, ob und wann man auf eine Schicht mit gutem Lüster stößt.

Immer noch wird vielfach ein bedenklicher Raubbau mit Perlmuttermuscheln getrieben. Die erbeuteten Tiere läßt man an Land verfaulen und erst, wenn die Gewebe sich zersetzt haben, durchsucht man die Masse auf Perlen. Dadurch werden nicht nur die wenigen Tiere vernichtet, die Perlen gebildet haben, sondern auch der ganze übrige Fang. Heute werden an vielen Fangstellen die frisch dem Meer entnommenen Muscheln unter Aufsicht geröntgt und, sofern das Resultat negativ ist, wieder ins Meer zurückgebracht.

Poseidon arbeitet neuerdings auch auf Bestellung. Daß man Muscheln dazu bringen kann, Perlen zu bilden, war den Chinesen — und auch LINNE — schon lange bekannt. Die Erzeugung solcher Zuchtperlen — man nennt sie Kulturperlen — im großen geht aber erst etwa auf das Jahr 1920 zurück. Damals begann MIKIMOTO damit, kleine Perlmutterkugeln, eingewickelt in ein Stück Mantel, in 3 jährige Muscheln zu bringen, und die so geimpften Muscheln an bestimmter Stelle im Meer heranwachsen zu lassen, um sie nach sieben Jahren zu ernten. Das Resultat waren Perlen von $1^1/_2$—4 Grän (1 Grän = 51,8 mg). Unter der ständigen Beratung des Zoologen MITSUKURI vermochte MIKIMOTO mit der Zeit die Methode soweit auszubauen, daß er nicht nur über 100 Patente für die Zucht seiner Perlen anmelden konnte, sondern daß es ihm auch gelang, Perlen bis zu 10 und 20 Grän zu erzielen. Dies war ihm nur dadurch möglich, daß er nun die ganze Aufzucht unter Kontrolle nahm.

Zunächst werden die ausschlüpfenden Larven der Muscheln gesammelt. Sie zeigen die Neigung, sich an seichteren Stellen an allerlei Gestrüpp festzusetzen. Man bietet ihnen ins Meer versenkte Bambusreußen, die gerne angenommen werden. Nach einigen Monaten sammelt man sie von diesen Reußen ab, und bringt sie nun, eingeschlossen in Behältern, die eine Wasserzirkulation gestatten, in nahrungsreiche Buchten des Meeres.

Nach 3 Jahren werden sie geimpft, oder, wie man häufiger sagt: gepfropft. Nun sollen sie 7 Jahre lang möglichst stark wachsen. Je größer die Muschel in dieser Zeit geworden ist, um so größere Perlen sind zu erwarten. Auf Flößen montiert werden die Behälter immer da verankert, wo zur Zeit das Meer am nahrungsreichsten ist.

Diese Zuchtperlen müssen dem Käufer gegenüber vom Juwelier als „Kulturperlen" bezeichnet werden. Sie sind in ihren besten Exemplaren nur etwa 20% billiger als die Naturperlen (spontan gewachsene Perlen). Je größer der eingebrachte Kern, um so minderwertiger ist das Produkt. Beste Kulturperlen lassen sich im Lüster kaum von den Naturprodukten unterscheiden. Schüttet man aber die Hohlhand voll mit Kulturperlen, so gewinnt auch der Nichtfachmann doch sofort den Eindruck: Massenartikel, eine wie die andere, es fehlen die lebendigen Farben.

Wie soll sich aber der Käufer überzeugen, daß er für sein gutes Geld nicht etwa eine Kulturperle erhält? Wie kann die Dame ihrer besten Freundin beweisen, daß sie eine Naturperle, die Freundin aber nur eine Kulturperle besitzt? Bei den durchbohrten Perlen ist die Feststellung nicht schwer. Die Naturperle hat, wenn überhaupt, einen verschwindend kleinen Kern, um den herum die Perlmutterschichten sich konzentrisch abgelagert haben. Der Kern, den Herr Mikiwoto aber einpflanzt, ist nicht so minutiös. Er besteht aus Perlmutter, das aus einer Schale ausgestanzt wurde; dieser Kern ist also parallel geschichtet. Mit einfacher Vorrichtung kann der Juwelier der Käuferin bei einer Naturperle nachweisen, daß das Innere des gebohrten Kanals eine konzentrische und nicht eine parallele Schichtung erkennen läßt.

Schwieriger wird der Nachweis bei den nicht durchbohrten Perlen. Eine Prüfung des spezifischen Gewichts versagt, da der künstliche Kern auch aus Perlmuttersubstanz besteht. Heute verwendet man meist das Verhalten der Perle im magnetischen Feld. Wird eine Perle ganz leicht beweglich in einem magnetischen Feld aufgehängt, dann finden bei der konzentrisch gebauten Naturperle die Kraftlinien in jeder Lage der Kugel gleiche Bedingungen, wir können statt dessen auch sagen: sie finden gleichen Widerstand. Es liegt somit kein Kraftmoment vor, das die Perle in eine andere Lage zu drehen bestrebt wäre. Sie bleibt ruhig. Anders bei der Kulturperle. Hier ist der Kern parallel geschichtet. Die magnetischen Kraftlinien werden die möglichst labil aufgehängte Perle so zu drehen versuchen, daß sie in ihr geringsten Widerstand finden, d. h. aber, daß sie versuchen, die Perle in eine Lage zu bringen, die den Kraftlinien nicht ein ständig wechselndes Milieu bieten. Das wird erreicht, wenn sie die Perle so drehen, daß sie nun im künstlichen Kern derselben entweder innerhalb einer einzigen Schicht oder innerhalb einer einzigen Zwischenschicht verlaufen. Dementsprechend werden sich im magnetischen Kraftfeld die Kulturperlen drehen, bis das Optimum für den Durchgang der Kraftlinien erreicht ist. Der Käufer wird sich also beruhigen können, wenn sich nichts rührt.

Einen Nachteil hat diese Methode allerdings: Der Apparat ist sehr teuer. Aber schließlich zahlt ihn doch der Käufer.

Perlen — Tränen schöner Frauen. Warum sollen sie nicht auch so falsch sein wie die Tränen schöner Frauen? Gute Imitationen lassen aus einiger Entfernung eine sichere Diagnose kaum zu. Heute werden die Perlen künstlich hergestellt aus Zelluloid, aus Zellon und anderen ähnlichen Stoffen. Die besten Imitationen, die bereits 1536 in Paris in Handel kamen, bestehen aus einer Hohlkugel aus dünnem Glas. Durch eine feine Öffnung wird eine Aufschwemmung von Guaninkristallen eingebracht, so daß das Glas innen damit belegt wird. Dann füllt man die Perle mit Wachs aus. Die Guaninkristalle werden aus Fischschuppen (von Alburnus lucidus-Ukelei und anderen Weißfischen, neuerdings aber auch von Heringen) gewonnen. Diese „Essence d'Orient" ist sehr teuer. 50000 Fische liefern 1 kg Perlsilber. Man verwendet daher auch andere irisierende Substanzen (Gelatineschichten), die die unechten Perlen wesentlich billiger werden lassen. Die Essence d'Orient hat sich dafür ein anderes Gebiet bei den Damen erobert: die Hand- und Fußnägel.

Die schönen Perlmutterschichten der Schalen, ebenso die der Muscheln wie die der Schnecken, werden vielfach im Kunstgewerbe verwendet. Oft wird hierbei die ganze Schale zur Herstellung von Gemmen oder Kameen behandelt (Cypraea tigrus). Auch Haarspangen, Belag von Operngläsern und Einlagearbeiten werden daraus gefertigt. Manche (Trochus) eignen sich besonders zur Herstellung von Armbändern, andere (Haliotis) von Broschen.

Heute hat die Knopfindustrie einen lebhaften Verschleiß an perlmutterhaltigen Schalen.

Und immer, wenn die Industrie sich meldet, muß man fragen, ob nur Gutes oder vielleicht auch viel mehr Schaden entsteht. Zur Herstellung der Essence Orientale gebraucht sie Hekatomben von Ukeleien. Wenn dieser Fisch auch nicht marktfähig ist, er ist der wichtigste Futterfisch für unsere Raubfische. Vernichtet man die Ukelei, so vernichtet man auch den Hecht, den Zander, den Barsch u. a.

Die Knopffabriken haben für Teichmuscheln so hohe Preise bezahlt, daß die Ufer unserer Seen nicht nur der Muscheln beraubt, sondern beim systematischen Durchackern des Seebodens die ganze Uferfauna nachhaltig geschädigt wurde.

2. Der insolvente Bankier

Insolvent, denn seine Zahlungsmittel sind außer Kurs. Früher konnten verschiedene Schneckenarten als gute, harte Währung angesprochen werden, und zwar nicht nur in den Küstenländern. Im Innern Afrikas und vielfach auch Asiens stand der Kurs günstiger als am Meer. Meist wurden Schneckenschalen so verwertet, wie sie in der Natur vorkommen. Bisweilen fand auch eine Bearbeitung — vor allem eine Durchlochung zum Aufreihen — statt.

Am verbreitetsten war die Währung der Kauri-Schnecken = Cyprea moneta und annulus, bekannt als Porzellanschnecke. 1500 v. Chr. hatte sowohl China wie Japan Kauriwährung. Heute gilt sie nur noch in kleinen Bezirken Indiens. Die Schalen werden meist zu 40 oder zu 100 an einer Schnur aufgereiht. Die niederste Währungseinheit besteht aus einer Schnur mit 4 Schalen. Ein Sklave kostete in Kauriwährung am oberen Niger 20000, ein Ochse 30000 Schalen.

Von den vielen Währungen mit rein lokalem Charakter verdient die in Neu-Pommern gültige Nassa-Währung Erwähnung (Nassa camelus). Diese Schalen kommen verarbeitet in Kurs (sog. Tambu-Geld). Für ausgeliehenes Geld werden immer 50%, völlig unabhängig von der Ausleihzeit verlangt. Die Taxe für ein junges Mädchen beträgt 100 Faden (der Faden ist etwa 2 m lang), für ein noch jüngeres 200. Das sog. *Scheibengeld* wird durch Herausschneiden oder Heraussägen aus Schnecken- und Muschelschalen gewonnen. Heute wird es in der ganzen Südsee vor allem als Schmuck verwendet. Am begehrtesten ist das *Rote*-Scheibengeld von der Muschel Spondylus und von Chama. Wie auch die Taxen sind, gleich ob mit rotem oder gemischtfarbigem Scheibengeld bezahlt wird, immer steht das Schwein höher im Preis als die Frau.

In Afrika wird Scheibengeld (= Dongo) nur noch als Schmuck verwendet. Der vermögende Mann verziert damit sich selbst, seine Frauen und seinen Hausrat. Die wohlhabende Negerin präsentiert ihren Reichtum in der Umgebung des Busens und der Hüfte und schleppt solcherart Schatzkammern bis zu 20 kg ständig und zu jeder Tages- und Nachtzeit mit sich herum.

Die Schalen- und Muschelwährung wurde immer schon gestützt durch den Schmuckwert dieses Geldes. Daher bedeutete der Import von farbigen Glasperlen eine schwere Erschütterung dieser Devisen. Solch verführerischen Dingen gegenüber konnte sich die alte Währung nicht mehr halten. Die Kauri-, die Nassa-, die Dongobanken gingen pleite, weil der Schönheitssinn der Frau und ihr Geltungstrieb sich für den farbigen Plunder europäischer Fabriken entschied.

3. Für den Toilettentisch

Schwamm und Ambra, Schildpatt und Byssus. Für die Schönen der Marshall-Inseln außerdem noch Purpur.

Der Schwamm

Betrachtet man einen lebendigen, eben aus der Tiefe heraufgeholten Schwamm, so bietet dieser dunkle, undifferenzierte schleimige Klumpen nichts, was eine besondere Brauchbarkeit verraten würde. Noch weniger ein abgestorbenes, sich zersetzendes stinkendes Exemplar. Es war also immerhin eine Geistestat, als zum erstenmal der Mensch die Entdeckung machte, daß bei den Hornschwämmen das Gerüst so zart und so feinporig ist, daß es nach Entfernung der faulfähigen lebenden Substanz in hohem Maße Wasser aufzusaugen und es fest zu halten vermag. Es mußte weiter ein gewisses Reinlichkeitsbedürfnis hinzukommen, damit dieses Schwammgerüst zu dem avancierte, was es heute ist: zum „Schwamm".

Die Helden von Troja hatten sich bereits mit dem Schwamm abgewaschen oder wurden von Frauen und Mädchen damit bedient. Aristoteles unterschied mehrere Schwammqualitäten je nach Herkunft. Aristophanes macht uns mit einem sinnig konstruierten Instrument bekannt. Es besteht aus einem Schwämmchen, das an einem kleinen Stock befestigt ist, und Zwecken zu dienen vermochte, die uns berechtigen, es als Vorläufer des Klosettpapieres zu preisen. Die vornehme Römerin wünschte purpurgefärbte Schwämme auf ihrem Toilettentisch zu sehen. Damals erkannte man auch den Wert des Schwammes als Polstermittel (beim Helm) und als akustisches Isoliermittel (Schalldämpfer).

Das Mittelalter hatte den Schwamm vergessen. Der Körper und seine Reinlichkeit wurde vernachlässigt. Nur als Heilmittel und für Wundbehandlung fand man ihn auch weiterhin in den Apotheken. Gegen 1500 kam mit der Verbreitung der Badestuben der Schwamm auch nördlich der Alpen zu Ehren. Es währte aber nicht allzulange, bis die Behörden sich gezwungen sahen, gegen die Ausartung beim gemeinsamen Bad vorzugehen. Mit dem Dreißigjährigen Krieg begann der Verfall des Badewesens, vermutlich auch unter dem Einfluß der Angst vor Syphilis. Damit wurde der Schwamm wieder zu einem ziemlich überflüssigen Gebilde.

Zur Rokokozeit war das Waschen und Säubern des Körpers völlig außer Mode gekommen. Es war in dem Zeremoniell, das den Menschen damals einengte, nicht vorgesehen. Ja, die Möglichkeit, den Körper zu reinigen, wurde überhaupt nicht mehr in Erwägung gezogen. Morgens betupfte man die Augen mit einem feuchten Läppchen. In dieser symbolischen Handlung erschöpfte sich der Drang nach Reinlichkeit. Eine köstliche Zeit, eine hohe Zeit für Läuse, Wanzen und Flöhe. Stundenlang währte die Morgentoilette, ohne daß auch nur einer einzigen Laus dabei ein Haar gekrümmt worden wäre. Während geistreiche Konversation gemacht wurde, knackte man Wanzen, die sich nicht genügend tief in den Ritzen der Polstersessel versteckt hatten. In dieser Welt hatte der Schwamm keine Daseinsberechtigung mehr. Außen hui, innen pfui.

Erst etwa vor 150 Jahren, gefördert durch die Ideen der Hygiene, und später durch den badelustigen Engländer, der auch auf seinen Reisen Wasser zur Morgentoilette wünschte, entstand allgemein wieder ein Reinlichkeitsbedürfnis. Jetzt erinnerte man sich wieder des Schwammes.

Von den primitiven Völkern machen allerdings auch heute noch nur die Bewohner der Karolinen Gebrauch davon.

Betrachtet man einen Badeschwamm genauer, so kann man, besonders bei dem feinen, kleinporigen Schwamm einige größere Öffnungen feststellen, die in einen Hohlraum führen. Jede dieser Öffnungen entspricht einem Tier. Der Badeschwamm präsentiert also eine Kolonie, bei der die Einzeltiere nicht mehr scharf gegeneinander abgrenzbar sind.

Beim lebenden Schwamm findet an der Oberfläche der ganzen Kolonie durch unsichtbare kleine Öffnungen ein Zuströmen von Wasser statt. Dieses sammelt sich dann jeweils in den zentralen Hohlräumen. Dabei werden ihm von besonderen, mit Geißeln ausgestatteten Zellen alle als Nahrung brauchbaren Stoffe wie Bakterien, Einzeller usw. entzogen. Durch die oben genannten grösseren Öffnungen fließt das durchgesiebte Wasser wieder ab. Diese „Mündchen = oscula“ sind also nicht Einströmungs- sondern Ausströmungsöffnungen. Der Weichkörper wird gestützt durch Kalk- oder Kieselnadeln, die durch feinste Mengen Hornsubstanzen oft zu einem festen Gerüst zusammengekittet sind und so die zierlichsten Kieselkörbchen bilden. Nun gibt es aber auch eine Gruppe von Schwämmen, bei denen weder Kalk- noch Kieselelemente vorhanden sind. Doch hat sich bei ihnen die hornartige Kittsubstanz stark vermehrt und so die Skelettfunktion für die Kolonien übernommen. Dies ist die Gattung Spongia und Hippospongia, mit vielen Arten und Lokalrassen. Spongia hat weichere und elastischere Skelettsubstanz, Hippospongia (Pferdeschwamm) ist gröber im Skelett, und, da Sandkörnchen fest eingelagert sind, die nicht entfernt werden können, als Badeschwamm für den Menschen ungeeignet.

Die Schwämme sind ohne Nerven und ohne Gehirn. Sie pflanzen sich geschlechtlich (sie sind getrennten Geschlechts) und durch Knospung fort. Die Larven schwimmen einige Tage frei, setzen sich dann fest und wachsen unter günstigen Bedingungen in einigen

Jahren zu Kolonien von 15—20 cm Durchmesser heran. An der Tunesischen Küste erreichen sie nach 2 Jahren schon 10 cm. Haben sie nach etwa 10 Jahren die normale Größe erreicht, so sterben sie bald ab. Zerschneidet man einen Schwamm in beliebiger Richtung in mehrere Stücke, so wächst sich unter normalen Bedingungen jedes Teilstück bald wieder zu einer Kolonie aus. Dabei stellt man

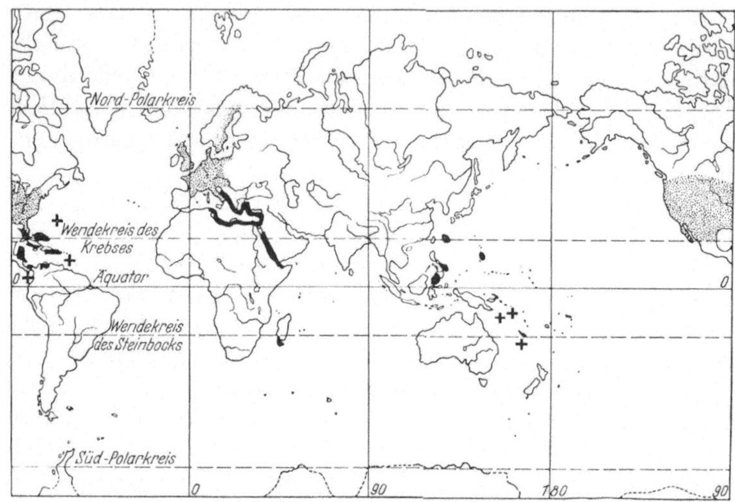

Abb. 8. Die Gebiete der Schwammfischerei und die Hauptverbrauchsländer für Badeschwämme. Hauptgebiet der Schwammfischerei. Kreuz: Schwämme nur zum Hausgebrauch gesammelt. Punktiert: Hauptverbrauchsländer (aus Pax u. Arndt)

ein etwa 3 fach so schnelles Wachstum fest, wie bei einem entsprechend großen, unversehrten Exemplar.

Die Badeschwämme finden sich weit verbreitet in den warmen Meeren. (Abb. 8.) Das Ägäische Meer bis zur afrikanischen Küste lieferte früher die Hälfte der Weltproduktion, bis die Schwammgründe bei den Philippinen und Westindien größere Bedeutung gewannen. Tiefen von 4—50 m werden bevorzugt, doch findet man gute Schwämme auch noch in 100, ja sogar in 200 m Tiefe. Meist sind sie dann heller. Die günstigsten Temperaturen liegen bei 13—15 °C.

In den obersten Wasserschichten, in denen sich die Wellen noch bemerkbar machen (bis 6 m), wird das Skelett derber. Eine stetige, mäßige Strömung ist wichtig. Das Optimum liegt bei 1 cm/sec. Steiniger und felsiger Untergrund wird bevorzugt. Die Umgebung von Flußmündungen wirkt sich ungünstig aus, da eine Herabsetzung der Salzkonzentration den Tieren nicht bekommt.

Die Gerüstsubstanz besteht aus einem Albuminoid-Spongin, den Byssusfäden (s. p. =) ziemlich ähnlich. Jod ist zu 0,4% vorhanden und an Eiweiß gebunden als Jodospongin. (Bei westindischen Schwämmen, die jedoch nicht als Badeschwamm zu benutzen sind, hat man abnorm hohen Jodgehalt, bis zu 14% des Trockengewichts des Skeletts festgestellt.)

Groß ist die Zahl der Lokalrassen. Am begehrtesten ist der Levantiner, der „mollissima". Enge Poren und ein weiches Skelett — besonders beim Champignon — machen ihn zum beliebtesten Toilettenschwamm. Er wächst im Ägäischen Meer bis zur Afrikanischen Küste. Ihm steht der Dalmatiner und der in gewisser Entfernung der Kongo-Mündung wachsende Schwamm gleicher Rasse nicht viel nach.

Die Elefantenohren, die bis zu 1 m hohe Trichter bilden, kommen vor allem aus dem westlichen Teil des Mittelmeeres. Mit einem festeren derberen Skelett ist meist auch Großporigkeit verbunden; so beim Zimokkaschwamm.

Der Pferdeschwamm (Hippospongia communis var-equina) erreicht 90 cm im Durchmesser. Die Oscula sind weit (bis 4 cm). Er kommt aus dem Mittelmeer. Die verschiedenen Rassen haben ihre Handelsbezeichnungen. Der Drahtschwamm hat am meisten Sandeinlagerungen in den hier besonders dicken Skelettfasern.

Die Schwämme werden in den seichten Gebieten dadurch erbeutet, daß sie mit den Füßen losgerissen werden. Diese oberflächlich lebende Ware ist billig. Bei geringwertigen Formen, die etwas tiefer leben, werden auch Harpunen, Dreizack und besonders konstruierte Zangen verwendet. Das Schleppnetz reißt die Schwämme von dem Untergrund weg und verletzt sie dabei häufig. Schonender ist die Gewinnung durch Taucher, die beschwert mit einem Stein in 10—30 m Tiefen vordringen und bis zu 4 Minuten unter Wasser verweilen können. Sie sammeln in einen Beutel. Nach dem Wiederemportauchen wird der Stein vom Boot aus wieder hinaufgezogen. Die Taucher haben oft unter dem Gift zu leiden, das von Seeanemonen, die dem Schwamm aufsitzen, ausgespritzt wird (Vromo-Krankheit).

In letzter Zeit ist das Tauchen mit besonderer Tauchvorrichtung (Skaphander-Tauchen) aufgekommen. Erst dadurch können Tiefen von unter 30 m, bis zu solchen von 50 aufgesucht werden. Meist bleibt der Taucher 30 Minuten unten. Wie bei den Caisson-Arbeitern ist auch hier ein langsames Aufsteigen strenges Gebot,

Abb. 9. Großes Depotschiff einer Schwammfischerei-Flottille. Die Schwämme sind zum Trocknen am Mast hochgezogen (aus PAX u. ARNDT)

da sonst der unter hohem Druck in größeren Mengen im Blut aufgenommene Stickstoff, statt langsam ausgeatmet zu werden, plötzlich im Blut frei wird und zu Verstopfung der Gefäße durch Stickstoffblasen führt. Trotz Belehrung sterben in der Saison bis zu 8% der Taucher infolge Unvorsichtigkeit. Das Skaphander-Tauchen wird meist von Griechen ausgeübt. Diese rationellere Art der Ausbeute steigerte die Weltproduktion ganz wesentlich. Andererseits sind im Rahmen von Schonbestrebungen Schleppnetzfischerei und Skaphandertauchen nicht nur während der Fortpflanzungszeit, sondern in einigen Ländern grundsätzlich verboten.

Die Zubereitung des Fanges ist denkbar einfach. Das primitivste, aber heute noch stellenweise geübte Verfahren besteht darin, daß man die Ausbeute am Land oder auch schon an Bord verfaulen läßt. Dann wird das übrigbleibende Gerüst tüchtig ausgewaschen. Oder die noch frischen Schwämme werden an Deck oder in einer Grube getreten, gequetscht, geknetet und so das Skelett von den Weichteilen befreit. Dann wird das Gerüst ausgewaschen, gereinigt und sortiert. Abfälle werden für Polsterung verwendet. Das Bleichen mit Wasserstoffsuperoxyd, auch mit Säuren mindert die Haltbarkeit.

Vor dem Verkauf hat man früher die fertige Ware noch gesandet, da nach Gewicht verkauft wird. Eine Beimengung von 3 Gewichtsprozent Sand war das Übliche. Doch trieb die Gewinnsucht die Sandung bisweilen bis auf 150% hinauf. Man kaufte mehr Sand als Schwammsubstanz. Der Betrug hatte damit einen Rekord aufgestellt, und es entstand der Wunsch, diese Betrügereien in strenge Regeln zu fassen. Das Resultat ist: es werden nur noch sandfreie Schwämme abgenommen. Es sei denn „ad usum inglese“. Die englischen Aufkäufer wünschen eine schwache Sandung, da die Schwämme dadurch „griffiger“ werden.

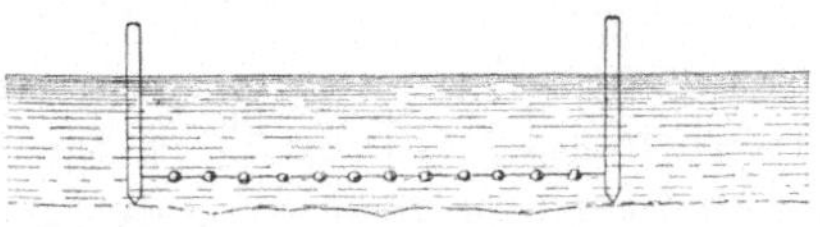

Abb. 10. Befestigung der Schwammschnittstücke an ausgespanntem Draht. Auf Riu-Kiu-Inseln in Gebrauch (aus PAX u. ARNDT)

Die Feinheit der Zwischenräume bedingt die starke Kapillarwirkung. Die Elastizität bewirkt, daß der zusammengepreßte Schwamm sich wieder ausdehnt und dabei sich mit Wasser vollsaugt. Während der Kunstschwamm nur 4mal soviel Wasser aufzunehmen vermag als sein Eigengewicht beträgt, kann ein feiner Naturschwamm bis zum 30fachen fassen.

Schon 1862 hat OSKAR SCHMIDT versucht, künstlich Schwämme zu züchten. Von den Fischern der Adria wurde er dabei keineswegs unterstützt, sondern mehr und mehr mit Mißtrauen behandelt und schließlich mit allen Mitteln behindert. Eine Bedeutung hat diese Betreuung von Schwammkulturen nicht gewonnen, obwohl die Nachfrage trotz der Konkurrenz durch Kunstschwämme nicht zurückgegangen ist. Doch hat man neuerdings, besonders in Japan, die Schwammkulturen wieder aufleben lassen (Abb. 10). Der Bedarf der Industrie an Naturschwämmen ist gestiegen. Mancherorts machen sich die Folgen des Raubbaues und der

Industrieabwässer, gegen die der Schwamm empfindlich ist (Zukkerabwässer in Cuba) deutlich bemerkbar.

Schwammabfälle werden als Dünger verwendet. Meist aber behandelt man sie mit verdünnter Säure und macht sie dadurch mürb. Dann werden pflanzliche und tierische Fasern beigemengt und aus dieser Masse Scheuer- und Frottiertücher mit großer Aufsauge-Fähigkeit verfertigt. Doch gehören Frottiertücher nicht mehr auf den Toilettentisch.

Ambra

Wohlklingend der aus dem arabischen Wort „anbar" abgeleitete Name, wohlriechend, einschmeichelnd und zart sein Duft. Nicht nur die Fledermäuse, auch die Menschen fühlen sich dadurch angezogen. Die Damen hüllen sich gerne in diese zartesten Wolken des Wohlgeruches.

Der Pottwal (Physeter macrocephalus) (Abb. 34) ist der Fabrikant dieses kostbaren Stoffes. Man findet Ambra-Klumpen in seinem Magen, wo sie verbleiben und daher zu ansehnlicher Größe heranwachsen, oder im Darm, von wo sie gelegentlich durch den After ausgeschieden werden. Da nicht nur Weibchen, sondern auch Männchen Ambra produzieren und da ein großer Teil im Magen festgehalten wird, so ist es unwahrscheinlich, daß er ein spezifisches Anlockungsmittel der Geschlechter darstellt. Man muß wohl annehmen, daß es sich um eine pathologische Bildung handelt. Perlen und Ambra — Abnormitäten, die den Menschen in hohem Maße zu ergötzen vermögen.

Wo der Pottwal lebt (und dies ist die Zone zwischen dem 40° N und 40° S), findet man gelegentlich Ambra-Klumpen, die zentnerschwer sein können, frei im Meer umherschwimmend oder am Ufer angetrieben.

Ambra ist in der Parfümerie sehr begehrt und hochbezahlt. Selbst auf's angenehmste duftend, wirkt er für andere Wohlgerüche als „Fixateur".

Die Parfüms auf dem Toilettentisch sind mit Ambralösung versetzt. Selbst das sonst so flüchtige Kölnischwasser „verduftet" nicht mehr so schnell, wenn Ambra zugesetzt ist. Ein Stück Leinentuch behält den mit Ambra übertragenen Duft, auch wenn es mehrfach gewaschen wird. In absolutem Alkohol löst sich Ambra nahezu vollständig auf, ebenso auch schon in heißem 70%igem Alkohol.

Ambra hat eine matte, klebrige, pechartige Oberfläche, die sich fettig anfühlt. Er läßt sich schneiden. Bei Erwärmung (etwa bei 60°) wird er salbenartig; in kochendem Wasser verflüssigt er sich. Am wertvollsten ist der graue Ambra, da er am wenigsten Öl enthält. Beim Lagern steigert sich die Intensität des Duftes. Jahrelang gelagerte Klumpen gewinnen daher. Spezialisten nehmen an, daß mehrere Riechstoffe vorhanden sind, die den für den Laien einheitlich empfundenen Ambraduft liefern. Eine Moschus-Komponente scheint auch dabei zu sein.

Ambra wird auch als Haarwasser und als Zusatz zu Tabak, Kaffee und alkaholischen Getränken als Erzeuger einer „zarten Blume“ verwendet. Auch Räuchermittel werden damit veredelt. Im Orient tragen die Frauen wohlriechende Ambra-Perlen.

Der Pottwal produziert aber nicht nur im Darm Dinge, die der kosmetischen Industrie wichtig sind. Unter der Kopfhaut in einer Mulde an der Oberseite des riesigen Schädels lagert eine gelbliche, wachsartig-flüssige Substanz, die einen zarten aromatischen Duft ausströmt, das sog. Spermacetiöl. Der Name weist darauf hin, daß man es früher mit dem Sperma in Beziehung brachte. An der Luft erstarrt die Masse, wobei sich der Walrat ausscheidet. Der übrigbleibende Rest wird für Seifen, Kerzen und als Maschinenöl gebraucht. Der Walrat aber kann in verschiedener Form auf dem Toilettentisch erscheinen: in Schminken, Pomaden, auch Lippenpomaden, in Salben und in Seifen.

Der Pottwal ist somit von Wohlgerüchen erfüllt und zwar immer da, wo man es am wenigsten erwartet: im Darm und in einer Mulde des riesigen Kopfes. Beide Male weiß man nicht, ob diese Substanzen eine Funktion für das Tier erfüllen. Neuerdings vermutet man einen Zusammenhang zwischen dem Spermacetiöl und der Sauerstoffversorgung beim Tauchen.

Schildpatt

Auf dem Knochenskelett der Schildkröten liegen Hornplatten, Umbildungen der Epidermis. Dies gilt für die Rücken- wie auch für die Bauchseite. Diese Hornplatten sind verwertbar, sofern sie genügend dick sind. Die besten Lieferanten sind die Seeschildkröten (Cheloniidea) mit 3 Arten. Bei diesen ist der Rückenpanzer ziemlich flach.

Die Nahrung dieser Schildkröten besteht aus allerlei kleinen Meerestieren und aus schwimmendem Tang. Man findet sie in allen tropischen und subtropischen Meeren.

Sehr wertvollen Schildpatt, durchscheinend und schön gezeichnet, liefert die Karettschildkröte (Chelonia imbricata). Sie ist die kleinste unter ihren Verwandten. 60 cm ist die übliche Größe. Selten erreicht sie 80 cm. Die Epidermisplatten liegen auf dem Rücken dachziegelartig übereinander. Dadurch schon unterscheidet sie sich von der größeren Suppenschildkröte (Chelonia mydas), die bis 110 cm Länge erreicht. Gelegentlich findet man diese auch im Mittelmeer. Die weiteste Verbreitung hat die unechte Karettschildkröte (Caretta caretta), die auch im Mittelmeer heimisch ist. Sie wird 1 m lang.

Am leichtesten werden die Tiere am Land erbeutet, wo sie ihre Eier ablegen. Im Abstand von etwa 2 Wochen kommen sie mehrmals (bis zu 5mal) an seichten Stellen ans Land, wo sie ihre Gelege (insgesamt etwa 200 sehr große, dotterreiche Eier) unter Sand verbergen. Dabei erweisen sie sich als stur und ungelehrig und suchen immer wieder dieselben Stellen auf, auch wenn sie bereits schlechte Erfahrungen gemacht haben. Überrascht man Tiere auf dem Land, so dreht man sie auf den Rücken. Aus dieser Lage vermögen sie sich bei sandigem Untergrund nicht mehr zu befreien. Auch bei Liebesduellen versucht der Rivale den anderen zu unterfangen und auf den Rücken zu hebeln. In dieser Lage stirbt dann der eine der Kavaliere einen unrühmlichen Tod, sofern er sich nicht an einem Fels oder Baumstamm einstemmen und wieder umdrehen kann. Nicht überall wird das ölig schmeckende Fleisch gegessen; aber die Eier sind bei Eingeborenen und Fremden sehr geschätzt. Darin liegt die große Gefahr, die die Existenz dieser Tiere bedroht.

Auf dem Meer werden diese Schildkröten mit Harpunen oder mit grobmaschigen Netzen aus Cocosstricken gefangen, wobei Cocosfrüchte als Schwimmer benutzt werden. Bei Stellnetzen verwendet man als Köder sehr rohe, aus Holz geschnitzte Nachbildungen von Schildkröten. Im malaischen Archipel versuchen die Insulaner die auf dem Meer schlafenden Schildkröten zu überraschen, zu fesseln und dann hinter sich her an Land zu ziehen. Ob hier ein wirklicher Schlafzustand vorliegt, der sich wesentlich von dem Wachzustand dieser stumpfen Tiere unterscheidet, bleibt zu untersuchen.

Die Epidermisplatten lösen sich von dem darunter liegenden Knochenpanzer bei Wärme nahezu von selbst ab. Man hängt das Tier daher über ein offenes Feuer oder behandelt es mit kochendem Wasser; meist werden diese peinlichen Prozeduren bei lebendigem Leib vorgenommen. Ist das Schildpatt entfernt, so wirft man die Tiere in den Gegenden, in denen ihr Fleisch nicht gegessen wird, wieder ins Meer, da man der Ansicht ist, daß nach einiger Zeit die Epidermisplatten wieder regeneriert sind, sodaß dasselbe Tier mehrfach abgeerntet werden kann (in China vielfach üblich). Andernorts werden die Tiere nach Entfernen des Schildpatts stückweise verkauft. Der eine schneidet sich aus dem lebenden Tier einen Vorderfuß, der andere einen Hinterfuß heraus. Entsetzt über diese Shylockmanieren mag schon mancher Europäer versucht haben, der Quälerei ein Ende zu bereiten, und ließ sich den Kopf des Tieres abschneiden und einpacken. Aber siehe da, wenn er nach Stunden bei demselben Verkäufer vorbeiging, mußte er feststellen, daß das Tier von dem Verlust des Kopfes nur wenig Notiz genommen hatte. Es lebte immer noch. Bei toten Tieren wird die Ablösung des Schildpatts vielfach auch dadurch erzielt, daß man das Ganze oder den Panzer in Sand vergräbt. Nach 8 bis 10 Tagen läßt sich das Schildpatt leicht vom Knochen trennen.

Das Schildpatt setzt sich aus sehr feinen, platten, verhornten Epidermiszellen zusammen. Es gleicht weitgehend, sowohl chemisch wie auch physikalisch, dem Horn der Vögel und Säugetiere. Der Schwefelgehalt liegt etwa bei 2—3%. Je nach geographischer Herkunft ist das Material derselben Art verschieden. Im allgemeinen beträgt das Gewicht des verwertbaren Schildpatts $3^1/_2$% des Körpergewichts. Die größte Dicke ist $^1/_2$ cm.

Schildpatt war schon im Altertum beliebt. Kaiser Clodius Albinus badete in einer mit Schildpatt ausgelegten Wanne, und hielt ein solches Bad für besonders bekömmlich. Während früher die dünnen Bauchplatten nicht verwertet wurden, wird dieses „blonde Schildpatt" heute besonders gut bezahlt.

Zahlreiche kunstgewerbliche Gegenstände werden aus Schildpatt hergestellt, darunter viele, die dem schönen Geschlecht zu dienen haben. Was finden wir davon auf dem Toilettentisch? Wir müssen fragen, was fanden wir früher und was finden wir heute? Kostbarer Haarschmuck ruht heute ohne Verwendung in Schatullen, nachdem die Frauen es vorziehen, auch ihren Kopf sachlich zu bearbeiten und dabei ihre Zöpfe, echte wie falsche, diesem Bestreben geopfert haben. Schildpattkämme sind heute nur noch ein Utensil der Plutokraten, da die Nachahmungen sehr viel billiger und recht zufriedenstellend sind. Es bleiben Fourniere auf Bürsten, auf der Rückseite von Spiegeln, auf Fächern — soweit diese vollendeten Werkzeuge eines aufreizenden Kokettierens noch in Gebrauch sind —, auf Zigarettenspitzen und auf zierlichen Toilettenkästchen.

Überall aber droht ein guter Ersatz das Schildpatt zu verdrängen. Horn wird gefärbt und durchsichtig gemacht. Elfenbein wird entkalkt und gefärbt. Der schärfste Konkurrent aber ist das Zelluloid, das man kaum mit den Augen, wohl aber mit der Nase von Schildpatt unterscheiden kann. Reibt man es, so riecht es nach Kampfer. Auch Zellon, Galatith und ähnliche Stoffe werden gebraucht. Milch mit Harz, Formaldehyd, Öl und Aceton gemischt gibt ebenfalls eine schildpattähnliche Masse. Und schließlich werden auch die kleinsten Abfälle des echten Schildpattes unter hohem Druck zusammengeschweißt.

Soll man bedauern, daß das Echte so oft durch Imitationen ersetzt und verdrängt wird, sollen wir darüber traurig sein? Ich glaube nicht, besonders wenn der Ersatz ebenso gut und billiger ist und vor allem, wenn er, wie hier, Tiere vor Quälereien und vor dem Aussterben schützt.

Byssus

Man hat sich bisher noch nicht einigen können, ob man der, die oder das Byssus sagen soll. Das Interesse ist auch zu gering, als daß hier eine diktatorische Verfügung den Sprachgebrauch festgelegt hätte. Und seitdem die Damen ihre echten Haare einer brutalen Schur unterwerfen, findet auch der indiskreteste Blick nur noch selten falsche Haare aus Byssus auf oder in dem

Toilettentisch. Und doch möchte man die Schönen gerne daran erinnern, daß früher, besonders in Italien die seidenglänzenden Byssushaare sehr beliebt waren, da man die Erfahrung gemacht haben wollte, daß sie die Trägerin besonders verführerisch erscheinen lassen.

Pinna, die „Seidenraupe des Meeres", ist eine große Muschel, mit 2 gleichen Schalenklappen. Ähnlich wie bei unserer Miesmuschel scheidet der rudimentäre Fuß mittels der Byssusdrüse sehr zähe, feste, beim Austritt klebrige Fäden aus, die mittels eines „Fingers" an die Unterlage angedrückt werden und dort fest haften bleiben. Man hat bei solchen Muscheln den Eindruck, daß sie mit diesen feinsten Fasern wie mit Wurzeln festgewachsen wären. Trotzdem ist ein sehr langsamer Ortswechsel noch möglich. Neugebildete Fasern werden etwas entfernter fixiert, dann die schon vorhandenen Fasern gelöst und die Muschel zieht sich wie an einem weiter entfernt ausgeworfenen Anker nach (Abb. 11).

Abb. 11. Fischen der Steckmuscheln mit dem „Pernonico" (aus PAX u. ARNDT)

Die Byssus-Fäden der Pinna (auch Muschelseide genannt), werden im allgemeinen bis zu 70 cm lang. Bei Pinna nobilis bleiben sie kürzer, bei Pinna squamosa erreichen sie einen Meter. Die Farbe der Faser wechselt von hellgelb bis dunkelbraun. Sie ist abhängig vom Alter und vom Licht. Heller Standort läßt den Byssus dunkel werden.

Die Muscheln, die in geringer Tiefe leben, können mit besonderen Instrumenten leicht erbeutet werden, sofern sie sich auf Sandboden festgesetzt haben. Auf hartem Boden dagegen leidet bei dieser Fangmethode der Byssus. Schonender arbeitet der Taucher, der ein Zerreißen des Byssus vermeiden kann. Bekannte Fanggründe sind die kleine Insel Nisida bei Ischia, die Gegend bei Tarent, bei Reggio, Malta und am Posilipo.

Die Byssussubstanz ist ein Eiweiß mit Horncharakter, löslich in kochendem Wasser, in heißer konzentrierter Essigsäure und in konzentrierten Mineralsäuren. Hier wird es zu Aminosäuren abgebaut.

Schon die Römer hatten die Byssusfaser zu kostbaren Geweben verarbeitet. Auch pelzartige Kragen, die gegen Rheuma schützen sollten, wurden daraus gefertigt.

Heute hat der Byssus eine ziemlich breite Verwendungsmöglichkeit, sowohl beim Weben wie auch beim Stricken und Sticken. Falsche Haare, Handschuhe, Handtäschchen, Tücher, Gewebe aller Art werden daraus gefertigt. Strümpfe konnten sich nicht einführen, da sie zu warm sind trotz ihrer Feinheit. Von Rheumatikern aber werden sie bevorzugt. Die Gewebe sind außerordentlich dauerhaft und sehr geschmeidig von einer golden-brillierenden Farbe, die selbst die Rohseide übertrifft. Dabei lassen sie sich ähnlich unseren modernsten Geweben auf geringem Umfang zusammenpressen. Bekannt wurden die Byssusstrümpfe des Papstes Benedikt des XIV., der ein Paar in einer gewöhnlichen Tabaksdose bei sich trug.

Lassen die Damen der nördlichen Halbkugel ihre Haare wieder wachsen, so wird die Pinna nobilis wieder da nachhelfen müssen, wo die Natur die Haare nicht genügend sprießen läßt. Dann bekommt die Muschel den Wechsel der Mode am eigenen Leibe zu verspüren, und wird mit ihrem Produkt wieder ein geheimes Dasein in den Schubfächern des Toilettentisches führen.

Purpur

Heute ist er verdrängt durch synthetische Farben und hat nur noch historisches Interesse. Lediglich die Frauen der Marshall-Inseln benutzen ihn heute noch als Nagellack. Da aber dort der Toilettentisch nicht bekannt ist, muß zugegeben werden, daß wenig Berechtigung mehr besteht, den Purpur hier aufzuzählen. Er soll daher nur ganz kurz behandelt werden.

Purpur wird von Schnecken gewonnen. Vor allem kommen die Arten von Purpurea und von Murex in Frage. Die Drüse, die den Farbstoff produziert, liegt nahe dem After. Sie ist ohne Ausführungsgang und stellt ein verdicktes Mantelepithel dar. Das Sekret ist zunächst farblos oder gelblich. Unter der Einwirkung ultravioletter Strahlen und eines Ferments wird diese Leucofarbe umgesetzt, sie wird schließlich blau, dann violett und endlich purpur. Dabei bemerkt man deutlich einen Knoblauchgeruch.

Früher spielten purpur gefärbte Stoffe eine große Rolle und waren immer Abzeichen eines hohen Standes: Die Trojaner, Odysseus, Darius, die römischen Kaiser und Senatoren, je höher der Rang, um so tiefer ging der Purpur hinab; bei den Imperatoren waren selbst die Stiefel purpur gefärbt und ebenso die Polster, auf denen sie dienstlich thronten.

Tyros (in Phoenizien) war berühmt, weil hier dem Purpur die leuchtendsten Farben abgewonnen wurden; Rom lieferte die zartesten Tönungen. Aber schon in den Schutthügeln von Troja wurden Schalen der Purpurschnecken in Massen gefunden. Auch Pompeji wird von PLINIUS als Lieferantin von purpur gefärbten Stoffen erwähnt.

Die Schnecken bevorzugen warmes Wasser, kommen aber auch in der Nordsee vor. Kleine Exemplare werden lebend zerquetscht, um das Sekret zu gewinnen, bei großen Tieren bohrt man ein Loch in die Schale und entnimmt so die Purpurdrüse. Zur Färbung von 1 Zentner Wolle benötigt man 6 Zentner Schnecken.

Seit Mitte des 15. Jahrhunderts wird Purpur durch Scharlach ersetzt. Nur auf den Balearen hat sich die alte Technik bis heute erhalten. Purpur ist dem Indigo chemisch verwandt. Er ist stark bromhaltig. Während man über die Rotviolett-Komponente schon gut unterrichtet ist, gilt dies nicht auch für die Blau-Komponente.

Einstens der Hoflieferant für Könige und Kaiser, muß sich die Purpurschnecke heute zufrieden geben, bei den Verehrern der Damen der Marshall-Inseln bescheidene Eindrücke hervorzurufen.

4. Eine wohl assortierte Apotheke

Der Schäfer stellte schon im Altertum seinen Heiltrank gegen die verschiedenen Krankheiten aus den Pflanzen der Wiese und Heide her; der Küstenbewohner glaubte mehr an die wirksame Kraft der Meerestiere, wobei er zumeist wohl den Eindruck hatte, daß die stärksten Kräfte in den groteskesten Meeresformen verborgen sein müßten. Gehörten doch solche Tiere wie ausgestopfte Kofferfische, Seeteufel und die Säge des Sägefisches, in dem Gewölbe einer Apotheke aufgehängt, zu den Insignien einer

Gesundungs-Hexenküche. Daß dabei ein großer Teil dieser Medizin keinerlei Wirkungen auszuüben vermag, darf uns nicht in Erstaunen versetzen, zumal dies bei unseren hunderttausend Präparaten auch nicht der Fall ist. Würden sie alle helfen, dann wären kranke Menschen bald panoptikumsreif. Aber hier wie dort stellen die wertvollen Präparate nur einen Teil der ganzen Masse dar.

So sehr auch der Gebrauch mancher schon im Altertum gebräuchlichen Medikamente uns sinnlos und absurd erscheint, so haben wir doch Gelegenheit genug, die Beobachtungsgabe früherer Generationen anzuerkennen. Es gibt z. B. viele Mittel gegen Kropf. Und bei allen konnte der Chemiker nun feststellen, daß sie jodreich sind.

Der Tang der Sargassosee wurde schon vor 500 Jahren von den Portugiesen gegen Skorbut verwendet und von den Indianern gegen Kropf. Es zeigte sich, daß er sowohl Vitamin C- als auch Jod-haltig ist.

Wenn man darüber lächelt, daß früher oft dasselbe Mittel für alle möglichen Krankheiten verschiedenster Art empfohlen wurde, so dürfen wir getrost weiter lächeln, wenn wir die Empfehlungen lesen, wie sie modernen Medizinen beigegeben werden. Vor mir liegt ein solcher Zettel eines bewährten Präparates aus bestrenomierter Fabrik. Darauf lesen wir, wann der Gebrauch indiziert ist. Ich zähle 46 Krankheitsbilder. Soweit haben es die „Alten" nie gebracht, nur ist dort Mögliches mit Unmöglichem und Groteskem wirr durcheinandergemengt. So, wenn die rote Koralle gepulvert den Kindern eingegeben wird, damit sie gut zahnen, dann aber auch von der Mutter häufig der einfachere Weg beschritten und dem Kind ein Korallenkettchen umgehängt wird. Es mag hierbei dahingestellt bleiben, ob die Kalktherapie in der erst erwähnten Form geübt, tatsächlich wirksam ist. Möglich ist es.

Bei der Vielseitigkeit der erwarteten Wirkung der Medikamente ist eine systematische Aufzählung auch nur der gebräuchlichsten Mittel nicht möglich. Die Apotheke bildet also ein wirres Bild.

Gegen Kropf gab es verschiedene Mittel und alle haben sich als stark jodhaltig erwiesen. Einen bevorzugten Platz nimmt die Asche von Schwämmen ein (seit 1180 Roger aus Salerno). Heute noch viel gebraucht. Auch Austern werden empfohlen. Sie können in jodhaltigem Wasser den Gehalt an Jod auf das 6fache des

Normalen steigern. Erwähnt wurde schon der jodhaltige Tang der Sargassosee.

Byssusstrümpfe und Handschuhe sind bei Rheuma zu tragen, Byssus-Ohrpfropfen bei Ohrenleiden. Gegen Halsinfektionen und Tuberkulose bietet bisweilen heute noch der Apotheker Walrat an; auch bei starkem Durchfall.

Absud aus Schildpatt mußte früher in China den Husten, Dysmenorrhoe und Urethritis (Harnleiterentzündung) beseitigen. Bei den Römern legte man die Kinderwagen mit Schildpatt aus, um die Babys vor Krankheiten zu schützen.

Der Schildkröte werden in verschiedenen Ländern verschiedene Wirkungen zugeschrieben. In Ägypten und im alten Japan aß man sie, besonders den Schwanz, in Öl, bei Lungenentzündung; in China und Indien mußte sie Beschwerden beim Urinlassen vertreiben und in Europa wird sie gepulvert auf Geschwüre aufgelegt, ebenso auch in Arabien. Sollte der Schwefelgehalt (2—3 %) hier wirksam sein?

Quallen auf die Haut gerieben schieben die Pubertät hinaus, Quallenasche dagegen fördert die Menstruation und vertreibt die Flöhe. Krebse machen jeden Arzt überflüssig. Sie vertreiben alle Krankheiten. Entweder wirken sie per os, oder fein zerrieben äußerlich aufgetragen; auch tot oder lebendig aufgelegt zeigen sie einen erstaunlichen Wirkungsbereich; und falls sie in all diesen Formen versagen, dann gurgelt man mit einer Krebssuspension. Für alles empfiehlt sich der Krebs. Hierbei vermag ihm nur der Ohrenstein der Fische Konkurrenz zu machen, zumal dieser sogar bei Schlaganfall hilft.

Damit stehen wir schon auf der Schwelle zur Abteilung: psychische Einwirkung auf den Patienten. Eine scharfe Trennung ist jedoch nicht möglich. Seepferdchenasche eingenommen beseitigt Glatzen, das ganze Tierchen zur richtigen!! Zeit umgehängt, schützt vor Unkeuschheit.

In den Subtropen und in den Tropen hat sich die Frau, die sich in gesegneten Umständen befindet, ständig gegen den bösen Blick zu wehren. Der böse Blick scheint im Orient noch viel böser zu sein als bei uns. Man findet daher dort auch ein ganzes Arsenal von Abwehrwaffen dagegen. Das wirksamste und zugleich bequemste Geschütz ist ein Stückchen schwarze Koralle, als Amulett umgehängt.

Eine noch geheimnisvollere Kraft wohnt der roten Koralle inne. Sie ist ein Indikations-Amulett. Je böser der Blick, um so mehr erblaßt sie; aber auch in der Agonie soll die Farbe heller werden; man befrägt sie daher auch bei beginnender Krankheit. Sie verliert jedoch diese Fähigkeit, wenn sie mit einem eisernen Instrument bearbeitet wurde.

Die Augen des Taifisches schützen zwar nicht vor Unheil, sie verraten aber der Japanerin, ob ihr solches droht. Getrocknete Augäpfel wissen genau, ob der Mann treu ist und vermelden dies der Frau. Es kommt aber — wie berichtet wird — auf die richtige Auswahl an.

Damit betreten wir eine dritte, recht gut ausgestattete Abteilung mit der Überschrift: Aphrodisiaca. Man hat wohl bei Übersicht dieser Ansammlung den Eindruck, Gott habe bei der Schöpfung dem Menschen etwas zu wenig von dieser Mixtur mitgegeben und ihn zum Troste dafür allerlei Medikamente finden lassen, die ihn wieder in einen befriedigenden Zustand versetzen.

Als Aphrodisiaca werden geschluckt: Holothurien (Trepang = Seewalzen), die verschiedensten Krebse, Muscheln, Schnecken, Ambra, Seepferdchen, Schiffshalter (Echeneis) u. a.

Die erwähnten Schneckenschalen (Cypraea) trägt man auch als Amulett gegen Unfruchtbarkeit, gegen den bösen Blick und Haarausfall. Der Deckel der Schnecke Turbo, der als Venusnabel bezeichnet wird, macht als Amulett „beim Mannsvolk beliebt“. Außerdem — schon einen Schritt weiter — begünstigt er Knabengeburten. In der Tat erinnert dieser Deckel mit seiner Einsenkung, aus der in der Mitte ein kleiner Kegel herausragt, an einen Nabel. Ob an den der Venus, vermag ich nicht zu entscheiden.

Damit sind wir bei einer besonderen Kategorie der Aphrodisiaca angelangt; bei diesen soll nicht eine Wirkung auf den Träger des Amuletts oder auf den Konsumenten der Droge selbst erzielt werden, sondern auf dessen Partner. So beim Venusnabel, der geradezu aufreizend wirken soll. Hier wird die ganze Frau zu einem Aphrodisiacum. Eine seltsame Entdeckung haben die Mädchen und Frauen der Gilbert-Inseln gemacht. Sie sammeln am Strand einen Borstenwurm und verreiben ihn auf dem Körper. Es wird zuversichtlich behauptet, daß sie mit solchem Duft behaftet eine viel stärkere Anziehungskraft auf die Männer ausüben. Die Wissenschaft stellt nur einen erhöhten Jodgehalt des Wurmes fest.

5. Delikatessen

Stachelhäuter

Delikatessen sind meist teuer. Ich beginne aber mit einer Delikatesse, die nichts kostet, die man ohne Mühe dem Meer entnimmt und die mit einem Bissen italienischen Weißbrots und einer Rotweinflasche in der Hand das köstlichste Gabelfrühstück liefert — wobei ich mir bewußt bleibe, daß man über den Geschmack nicht streiten soll.

Fährt man mit einem Boot einer felsigen Küste entlang, so sieht man in geringer Tiefe dunkelviolette Seeigel auf den Felsen sitzen. Sie sind leicht zu erbeuten. Am Ende eines vielleicht 3 m langen Steckens befestigt man ein Haarnetz, das infolge defekten Zustandes entbehrlich geworden ist, Senkt sich dies auf einen Seeigel herab, so bleibt er mit seinen Stacheln darin hängen und läßt sich hinaufbefördern. Der Matrose, der uns rudert, schneidet jetzt den Seeigel am Äquator durch und präsentiert uns den oberen Teil, jedoch nur, wenn es ein Männchen ist. Mit einer Gabel entnimmt man dann dieser Halbkugel 5 symmetrisch angeordnete, sehr appetitlich aussehende Bissen — die Hoden. Sie schmecken köstlich. (Die Ovarien dieser Art sollen Darmstörungen hervorrufen.) Auch in den kälteren Meeren gibt es Seeigel. Und wenn eine Art den Namen esculenta = eßbar trägt, so kann sich diese Eßbarkeit immer nur auf die voluminösen Geschlechtsorgane beziehen.

Ist dies nun Tierquälerei? Ist dies ein Roheitsdelikt, so wie wenn man Austern mit Zitronensaft beträufelt und sie dann lebendig verspeist, wobei es auf die Konzentration des Magensaftes ankommt, wie lange die Tiere noch im Magen lebend bleiben? Das Eine mag hier erwähnt werden: Organe, die fest in einer Kapsel eingeschlossen sind, so daß sie nur bei Zertrümmerung des Tieres verletzt werden können, haben keine Nerven für Schmerzempfindung. Unsere Gehirnmasse und unsere Lungen sind unempfindlich. Wir dürfen annehmen, daß die völlig geschützten Muscheln ebenso wenig Schmerz empfinden können, wie die Eingeweide eines Seeigels oder die in ihrem Chitinpanzer wohlgeschützten Eingeweide einer Biene, der man während des Honigsaugens den Hinterleib abschneiden kann, ohne daß sie sich stören läßt. Auch der Krebs, dem man mit einem Scherenschlag ein Stück vom Fühler abschneidet, zeigt keine Reaktion. Möglich, daß diese Tiere wie Bienen und Krebse in dem Panzer nur „Tastnerven“ aber keine „Schmerznerven“ besitzen.

Ein solches Gabelfrühstück im Boot weckt in uns das Verständnis für die Kaufgelüste der italienischen Hausfrau, die auf dem Fischmarkt allerlei Dinge einkauft, deren Verwendungsmöglichkeit uns bisweilen recht fraglich erscheint. Noch ein Wort zur Gebrauchsanweisung: Man achte auf Abwasser-Einläufe, damit man sich keine Darmkrankheit zuzieht. Ob man eine Seeigelangelkarte haben muß? Mag sein. Dann aber schmecken auch gewilderte Seeigel vorzüglich.

Abb. 12. Ein dreizehnarmiger Sonnenstern überfällt eine Auster (aus: Das Reich der Tiere)

Seeigelschalen werden als Schmuck getragen, und auch sonst als kleine Blumenbehälter usw. verwendet. Die Höcker, auf denen beim lebenden Tier die Stacheln sitzen, geben den meist dezent farbigen Gehäusen ein hübsches Dekor.

Die in Fünfzahl vorhandenen Geschlechtsorgane haben uns schon verraten, daß der Seeigel fünfstrahlig gebaut ist. Der Laie erkennt dies äußerlich nicht so leicht wie bei den Verwandten des Seeigels, den Schlangensternen und Seesternen. Diese Letzteren sind aber keine so pedantischen Mathematiker. Es gibt bei ihnen auch solche mit 10, mit 12 und mit unregelmäßig vielen Armen (Abb. 12). Die Schlangensterne haben auf dem Fischmarkt nichts zu suchen. Sie bestehen wirklich nur aus Haut und Knochen;

und an den Seesternen ist auch nicht viel dran. Und doch sind sie von Wert. An unserer Nordseeküste werden alljährlich nahezu 4000 t Seesterne den Fischmehlfabriken zugeführt. Sie werden hauptsächlich von den Kuttern beim Krabbenfang als Beifang gewonnen.

Die Seeigel aber kann man auch auf dem Fischmarkt kaufen, wenn es auch stilvoller ist, selbst sich die Leckerbissen aus der Tiefe zu holen und lebend frisch zu verspeisen.

Bei allen den erwähnten Stachelhäutern ist die Mundöffnung unten. Wie aber bewegt sich der Seeigel und der Seestern fort? Wie halten sie sich an der Unterlage fest? Sie haben eine Unzahl weichhäutiger, mit Wasser gefüllter Schläuche, Füßchen, die ausgestreckt werden, sich festsaugen und durch Verkürzung den Körper nachziehen können. Mitleidig schaut der unruhige Mensch dieser mühseligen Fortbewegung im Zeitlupentempo zu. Den Stachelhäutern aber genügt diese Gangart.

Eine der Gruppen, die zu den Stachelhäutern zählt, hat ihr Kalkskelett, das die anderen wie ein Panzer einschließt, wieder abgeschafft. Nur winzige, zierlich geformte isolierte Kalkgebilde sind übrig geblieben. Die Tiere haben sich einen anderen Schutz verschafft: Die Haut wurde lederartig zäh. Dadurch wurde der walzenförmig in die Länge gestreckte Körper biegsam und in bescheidener Weise beweglich. Um diese Möglichkeit auszubilden, haben sich unter der Haut kräftige Muskeln ausgebildet. Dies ist vom kullinarischen Standpunkt aus wichtig. Es entstand auf solche Weise ein kräftiger, innen mit Muskeln belegter Hautmuskelschlauch. Er hat Weltberühmtheit erlangt. Er liefert für China den so hoch geschätzten Trepang.

Bevor wir aber den Weg des Hautmuskelschlauches der Seewalzen oder Seegurken zum Trepang verfolgen, wollen wir uns ein solches Tier noch etwas genauer ansehen. Am vorderen Ende ist der Mund, meist umgeben von kurzen Tentakeln; am Hinterende liegt der After, in dem auch die Wasserlungen ausmünden. Die Seewalze kann dem Feind keine Stacheln entgegenstellen und kann auch nicht davonlaufen. Sie kann aber den Angreifer mit einem Wasserstrahl empfangen, den sie aus den Wasserlungen ausstößt. Imponiert dies dem Feind noch nicht, so vermag sie sich in der Mitte durchzuschnüren und so in zwei Teile zu teilen. Ob diese Manipulation wenigstens dem einen der beiden Teile Rettung bringt, ist sehr fraglich. Voraussetzung wäre, daß der Feind sich durch Verspeisen der einen Hälfte völlig gesättigt fühlt. Würde doch wohl auch eine Weißwurst kaum der Vernichtung entgehen, wenn sie sich vor den Augen des Konsumenten in der Mitte durchteilt. Die Seewalze wendet ihre Künste aber nicht nur einem Angreifer gegenüber an. Vielfach lebt sie in der Uferzone, in der bei Wellengang das Geröll in Bewegung gerät und dabei die Seewalze Gefahr läuft, gequetscht oder zerquetscht zu werden. Trifft dies nur die eine Körperhälfte, so wird diese abgeschnürt und sich selbst überlassen; sind die Eingeweide gequetscht, so werden diese durch den After ausgespuckt und nach einiger Zeit wieder ersetzt. Die Fähigkeit, die gesamte innere Einrichtung in 2 Monaten wieder zu regenerieren — kleinere Erneuerungen dauern nur einige Tage —, gestattet es auch der von einem Krebs scharf gekniffenen Seewalze, dem Angreifer ihre unangenehm klebrigen Eingeweide entgegenzuschleudern und ihn mit diesen leichter zu verzehrenden Dingen abzusättigen. Denn das, was zurückbleibt, der Hautmuskelschlauch, ist zäh — für den Krebs ebenso wie für den Chinesen.

Er muß daher eine längere Prozedur durchlaufen, um als hochgeschätzter Trepang serviert werden zu können. Erst wird er mit allerlei würzigen Zutaten gekocht, gedämpft und in der Sonne gedörrt, dann wieder gekocht, gedämpft und gedörrt, und dies wiederholt sich mehrmals. Schließlich wird er an kleinem Feuer oft monatelang geräuchert. Dann erst ist er versandfähig. Die endgültige Zubereitung verlangt ein Abkratzen der äußersten Haut, dann ein Aufquellen in Wasser, bis eine gallertartige Masse entsteht, die nun mit scharfen Soßen genossen wird.

Die Einfuhr nach China ist erheblich. Ganz Asien beteiligt sich daran, den Chinesen ihre Lieblingsspeise zu beschaffen. Auch Nordamerika zeigt sich besorgt um das materielle Wohlbefinden der Chinesen. Für das Kilo werden je nach Qualität 10 holländ. Gulden bezahlt.

Der Palolowurm

Die Seewalze wendet ihre Kunststücke der Selbstverstümmelung an, wenn es ihr schlecht geht, der Palolowurm macht von solchen Fähigkeiten Gebrauch, wenn er sich fortpflanzen will, also zu ganz bestimmter Zeit. Und da er, wo er auftritt, als Delikatesse hoch gewertet wird, verdient er es, unter den Früchten des Meeres aufgezählt zu werden.

Großes Volksfest auf Samoa und den Fidschi-Inseln. Die Vorbereitungen sind getroffen. Man weiß: morgen noch vor Sonnenaufgang beginnt ein seltsames spektaculum: der Mblalolo kommt, der Palolowurm. Er wird morgen früh Hochzeit machen und die Inselbewohner werden ihn in Massen erbeuten und den Hochzeitslustigen bei Jubel und Tanz verspeisen. Aber seltsam: der Palolowurm selbst interessiert sich für seine Hochzeit gar nicht. Er bleibt in der Tiefe zwischen den Korallenriffen und schickt nur einen Abgesandten zur Brautnacht oder richtiger zum Brautmorgen. Und das macht das Weibchen ebenso wie das Männchen.

Wir wollen nun doch diesem seltsamen Liebesbrauch etwas näher nachgehen.

Unter den Borstenwürmern unterscheiden sich die Vielborster (Polychaeten) von ihren Verwandten, zu denen auch der Regenwurm gehört, äußerlich durch die zahlreichen Borsten, die seitlich auf beweglichen Höckern sitzen. Mit diesen vermögen sie sich am Boden fortzuhebeln, und, wenn diese Borsten zu Ruderblättchen verbreitert sind, auch gut und elegant zu schwimmen. Ihre Geschlechtsorgane liegen in dem hinteren Körperabschnitt. Vielfach trennen sich zur Zeit der Geschlechtsreife die beiden Teile, nachdem vorher ein neuer Kopf mit Tastern und Augen sich in dem zweiten Teil herausentwickelt hat. Dieser hintere Abschnitt ist zumeist auch mit besonders guten Paddeln ausgestattet. Er hat sich vom Boden zu erheben und nach andersgeschlechtlichen Partnern zu suchen. Der zurückgebliebene vordere Körperteil ist ein Jahr später in der Lage, dieselbe Prozedur wieder vorzunehmen.

Der Palolowurm (Eunice viridis) hat aber ein etwas abgeändertes Dessin entwickelt. Auch er lebt, wie viele seiner Verwandten, zwischen Korallenriffen. Gegen Herbst wird sein vorher sehr dünner Hinterleib dicker und prall gefüllt von Geschlechtsprodukten. Ohne daß sich vorher ein zweiter Kopf an der Grenze zwischen Vorder- und Hinterleib gebildet hätte, schnürt der Wurm nun durch (Abb. 13). Der Vorderteil bleibt am Boden. Er nimmt an der Hochzeit nicht teil. Als Sendboten schickt er den hinteren

Teil an die Meeresoberfläche, wo dieser schon nach wenigen Stunden platzt, alle Geschlechtsprodukte entläßt und zugrunde geht. Allzuviel ist es aber nicht, was hier dem Tode verfällt. Denn Eier und Samenzellen konnten nur so enorm wachsen, weil alles Entbehrliche, wie Darm, Nervensystem und Muskeln, weitgehend abgebaut wurde und als Baumaterial den Geschlechtsorganen zur Verfügung gestellt wurde. Lediglich die Muskeln, die die Ruderborsten zu bewegen haben, bleiben bestehen.

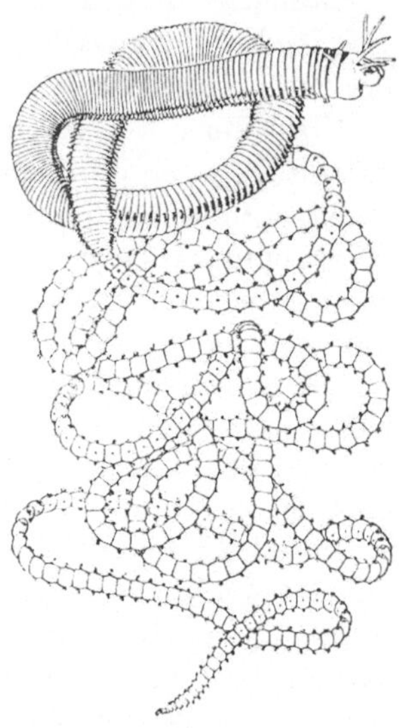
Abb. 13. Palolowurm (Eunice viridis) (aus HESSE-DOFLEIN)

Um Garantie zu geben, daß die Ei- und Samenzellen im Meer sich finden, sammeln sich alle diese Sendboten mit ihrer wertvollen Fracht in Buchten, und sie sammeln sich alle zur gleichen Zeit, in derselben Nacht. Welcher Kalender aber verrät ihnen, welches die richtige Nacht unter den 365 des Jahres ist? Es kann nur der Mond sein. Der Hinterleib macht sich selbständig und geht auf Hochzeit jeweils entweder im Oktober oder im November im frühen Morgengrauen des Tages vor dem letzten Mondviertel. Die Mondpünktlichkeit des Palolo ist den Eingeborenen bekannt. So können sie ihr Fest, das in Essen und Trinken und Tanzen besteht — Palolo wird auch als Aphrodisiacum geschätzt —, vorbereiten.

Frühmorgens, wenn die Sonne aufgeht, bietet sich ein seltsames Schauspiel. Die ganze Bucht wird lebendig und scheint schließlich zu kochen. Zu Millionen bewegen sich die Palolos an der Oberfläche. Immer lebhafter wird ihr Gezappel. Dann platzen sie. Eier und Samenzellen können sich in dieser Suppe nicht mehr verfehlen. Wenige Stunden nach Sonnenaufgang ist das Schauspiel vorbei. Mittlerweile aber waren die Insulaner eifrig dabei, mit Körben und feinmaschigen Netzen zu Fuß oder vom Boot aus einzusammeln, so viel sie können. Dann beginnt die Schmauserei. Roh gegessen oder gebacken begeistert der Palolo nicht nur den Samoaner.

Die japanische Art (Nereis japonica) ist wenig geschätzt. Sie wird als Düngemittel verwendet.

Tintenfische

Calamaio, das Tintenfaß, aber auch der Kalmar, der Tintenfisch. Früher hatte die „seppia" als Tinten- und Tuschlieferant einige Bedeutung. Heute könnten wir die Sepia hier übergehen, wenn sie nicht mit ihren Verwandten als Volksnahrung in den am Meer gelegenen Fischerorten aufgeführt werden müßte. Nicht als Delikatesse. Ja, den nicht Eingeweihten könnte es wohl grausen, wenn er auf dem Markt diese schleimigen, halbtoten, widerlich aussehenden Massen von Tintenfischen sieht und sich vorstellt, daß er sie in seinem Hotel serviert erhält. In der Tat, diese *acht*füßigen Arten, die so scheußlich aussehen, werden zwar überall gern gegessen, aber nur wenn Zähne vorhanden sind, die sich auch gegenüber lederartigen Dingen durchzusetzen vermögen (Abb. 14). Anders aber die Sepiaformen, die frei im Meere schwimmen, die Zehnarmigen. Die Arme dieser Tiere, in feine Teilchen geschnitten, diese Würmchen dann gut paniert, schmecken mit den unvermeidlichen Spaghetti und Tomatensoße vorzüglich. Man würde sie unbedingt unter die Rubrik „Delikatessen" einreihen können — wenn sie nicht so billig wären. Sie teilen das Schicksal mit unserem Hering.

Sehen wir uns also doch so einen Tintenfisch etwas näher an. Der Mund ist umgeben von 8 Armen, zu denen noch zwei besonders lange Tentakel hinzukommen. Diese Arme bestehen nur aus Muskeln und sind reich mit Saugnäpfchen besetzt. Mit ihnen überwältigen sie die Beute, kriechen damit aber auch geschickt umher. In der Mundöffnung stehen zwei starke Kiefer, die einem Papageienschnabel ähnlich sehen. Es empfiehlt sich, selbst bei kleinen Formen, so lange noch Leben in ihnen ist, die Brauchbarkeit dieser Kiefer nicht am eigenen Finger zu erproben. Im hinteren Körperteil liegt die Tintendrüse, deren Ausführungskanal ziemlich weit nach vorn, aber noch in der Mantelhöhle, in der die Kiemen liegen, ausmündet (Abb. 15).

Wird das Tier angegriffen und die Situation wird kritisch, so stößt es die hier gebildete sepia — braunschwarze, breiige Masse — aus, die sich jedoch nicht nebelhaft ausbreitet, sondern zunächst kompakt bleibt und dabei ein schwarzes Gebilde, etwa in der Größe des Tintenfisches, darstellt. Der Feind — oft ein Fisch

Abb. 14. Der gemeine Krak (Polypus vulgaris) von hinten (aus: Das Reich der Tiere)

— attakiert nun diese dunkle Masse, er beißt hinein und jetzt erst lösen sich die Umrisse auf und es bildet sich ein diffuser schwarzer Schleier.

Die im Dunkel der Meerestiefen lebenden Formen jedoch haben die Waffen gewechselt. Statt Tinte enthält dieser Beutel dann eine Masse leuchtender Bakterien. Werden diese ausgestoßen, so steht der Feind einem leuchtenden Nebel gegenüber, der ihn blendet und der Beute die Flucht ermöglicht. Auch Krebse — Tiefseegarnelen — verteidigen sich in solcher Weise (Abb. 16). Der Leuchtstoff oxydiert, wenn er mit Wasser in Berührung kommt und beginnt zu leuchten.

Das Wasser kann aus dem Mantelraum durch einen Trichter so kräftig ausgestoßen werden, daß das Tier dadurch zurückgeworfen wird. Die zehnarmigen Formen vermögen außerdem mittels eines seitlichen Schwimmsaumes sehr elegant zu schwimmen.

Die Tintenfische haben sehr gut entwickelte Sinnesorgane und ein konzentriertes, wohlentwickeltes Gehirn. Der lebhafte Farbwechsel, verbunden mit Warzenbildung auf der Haut, den manche von ihnen bei Sicht einer wehrhaften Beute zeigen, läßt stärkere Emotionen vermuten. Auch das Gedächtnis scheint beachtlich zu sein.

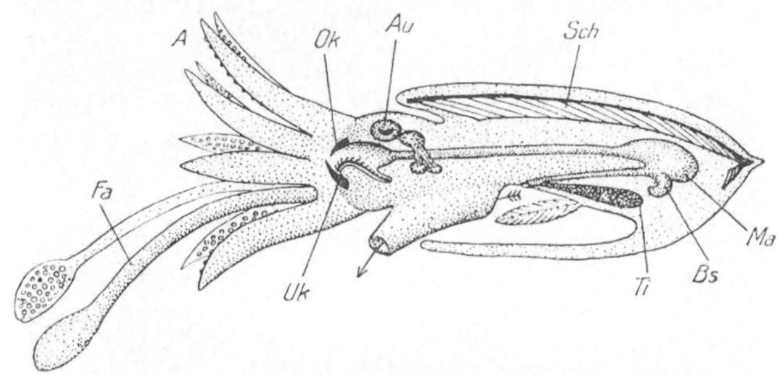

Abb. 15. Schema eines zehnarmigen Tintenfisches, Sepia officinalis. *A* Arme, *Au* Auge, *Bs* Blindsack, *Fa* Fangarmpaar, *Ma* Magen, *Ok* Oberkiefer, *Sch* Schale, *Ti* Tintenbeutel, *Uk* Unterkiefer (aus KÜHN)

Aber das sind etwas trockene Feststellungen. Hören wir, was der Dichter Otto Julius Bierbaum empfand, als er im Aquarium von Neapel zum erstenmal diese Tiere erlebte. Er schreibt: „Da sind vor allem die Polypen merkwürdig, weil sie so überaus scheußlich sind. Als Rumpf hat der „Pulp“ oder die Tintenschnecke einen Eingeweidesack, und im übrigen besteht er aus einem dicken Kopf mit Glotzaugen und einem harten Freßwerkzeug, das von acht unsäglich scheußlichen Fangarmen überdeckt ist. Diese Arme sind mit Saugnäpfen besetzt, vermöge deren der Pulp kriechen und klettern kann und mit denen er seine Opfer ergreift, um sie schleunigst an das hartkieferige Maul zu führen, wo sie mit einem starken Gifte aus den Speicheldrüsen getötet, von den Kiefern aufgeknackt und ausgesaugt werden. Dieses Schauspiel ist sehr gräßlich, aber es genügt auch schon, dieses Quallenungetüm, das sich jede Form und Farbe zu geben vermag, zwischen den Felsen des Behälters einfach herumkriechen oder wie ein umgestülpter Schirm herumschwimmen zu sehen. Die Gesellschaft, die die Aufnahmen für die Vorführung lebender Photographien macht, sollte einmal einen Pulp bei seinen verschiedenen Verrichtungen photographieren und dann in hundertfacher Vergrößerung vorführen lassen. Der entsetzte Zuschauer (man läßt sich ja gern entsetzen, wenn man sicher ist, daß nichts dabei geschieht) würde sich dann einen Begriff von dem sagenhaften Kraken machen

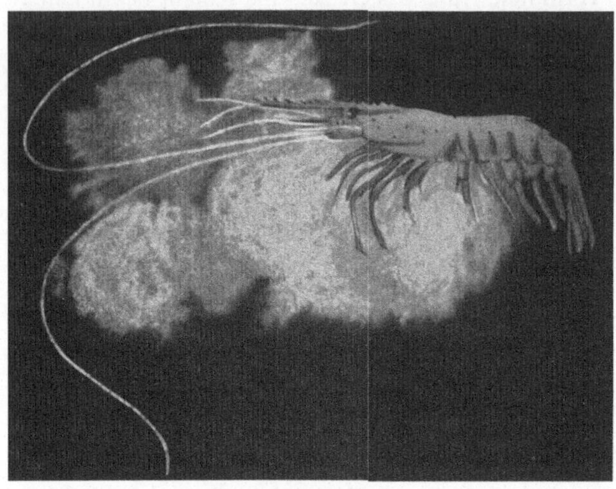

Abb. 16. Tiefseegarnele, eine Wolke von Leuchtsekret ausstoßend (BEEBE, aus HESSE-DOFLEIN)

können, dessen tatsächlich im Ozean vorhandenes Urbild ein Verwandter des Pulps vom Neapler Golfe ist und dessen Fangarme bis zu zwölf Metern lang werden. Es übersteigt alles Schreckliche, was die Phantasie erdenken kann, wenn man hört, daß diese qualligen Ungetüme mit diesen Armen Matrosen von den Schiffen herabgeholt haben."

Man sieht, BIERBAUM hat nicht mit Worten gespart, um uns mitfühlen zu lassen, wie abstoßend diese Formen auf ihn gewirkt haben. Aber gegen die „unsäglich scheußlichen Fangarme" erhebe ich Einspruch. Von vorn gesehen, können sie, wenn gleichmäßig ausgebreitet, überaus reizvoll wirken. Der Dichter fühlte sich in seiner Phantasie anscheinend gleich von den Saugnäpfen gepackt. Dann allerdings!

Die Riesen unter diesen Formen leben in den Meerestiefen. Nur gelegentlich erfährt man etwas von ihnen, am häufigsten durch die Verletzungen des Pottwals, die die gewaltigen Kämpfe dieser beiden Giganten ahnen lassen. Im Magen des Pottwals finden sich ihre Kiefer (neben Unmengen kleinerer Kiefer), aus deren Größe man die Proportionen des Partners errechnen kann. Bei Florida wurden bei einem Orkan Tiefsee-Tintenfische an Land geworfen, deren Arme länger als 10 m waren. Man bedenke, daß diese nur aus Muskeln bestehen. Bei Toulon wurde ein Exemplar torpediert, dessen Arme je 8 m maßen. Solchen Riesenkraken gegenüber wäre ein Elefant mit seinem einzigen und dazu sehr kurzen Rüssel als Schwächling anzusprechen.

Steigt ein solcher Riese nach oben und läßt seine vielen, 10 m langen Arme an der Meeresoberfläche erscheinen, so ergibt eine Addition eine imponierende Länge, und die 100 m lange Seeschlange des Herrn Kapitän ist auch ohne vorausgegangenen Alkoholgenuß fertig. Soll doch schon Herkules mangels zoologischer Kenntnisse von seinem Kampfe mit der Lernäischen Schlange berichtet haben, in der der Altertumsforscher heute eine große Krake sieht.

Die Sepia wurde schon sehr früh von den Chinesen zu Tusche verarbeitet und in Rom zum Schreiben und Malen verwandt. Der Tintenbeutel wird entweder in Alkali aufgelöst oder ausgedrückt. Dann fällt man den Farbstoff mit Säuren aus. Er entsteht als Produkt einer aromatischen Aminosäure unter Mitwirkung von Fermenten.

Die Sepia wird für Aquarellbilder heute durch Siena ersetzt. Ihre Brauchbarkeit wird dadurch beeinträchtigt, daß sie mit der Zeit in Fäulnis übergeht. Doch wird sie auch heute noch stellenweise als Tinte verwendet und die Chinesen setzen sie oft in geringen Mengen der Tusche zu.

Die „schwarze Brühe“ der Spartaner soll vor allem aus gekochten Tintenfischen bestanden haben mit Zusatz von etwas Tintenbeutelinhalt — wie es heißt — zur Geschmacksverbesserung. Vielleicht auch, um Heroen heranzuziehen.

Der Fang der Tintenfische geschieht mit Angeln, die mit Fischen beködert sind, mit Harpunen und mit Zug- und Schleppnetzen. Außerdem macht man sich die Neigung der Tiere zunutze, in

Höhlen unterzuschlüpfen. An einem langen Tau werden in Abständen leere Krüge und Töpfe diverser Art befestigt. Ein solches Tau braucht nicht lange im Wasser zu liegen, bis hier und dort eine Einquartierung stattgefunden hat. Wird nun die ganze Kette wieder gehoben, so verlassen die Tintenfische nicht etwa diese unstabile Behausung, sondern sie klemmen sich — man ist versucht zu sagen: ängstlich — darin fest und können so ins Boot gezogen werden. An seichteren Stellen, die eine Beobachtung der versenkten Krüge zulassen, gibt man je einen weißen Stein in diese Gefäße. Wenn der Tintenfisch eine solche Behausung bezieht, so wirft er zunächst den Stein hinaus. Der Fischer kann nun von oben leicht feststellen, wo sich ein Mieter eingefunden hat: überall da, wo ein weißer Stein vor der Türe liegt. Auch eine recht rohe Fangweise wird mancherorts geübt. Ein laichreifes lebendiges Weibchen wird am Hinterende an einem Haken festgemacht und langsam durch das Wasser gezogen, und die Männchen folgen. Ist es hier die Liebe, die ins Verderben führt, so arbeitet eine andere Methode mit der Eifersucht. Versenkt man an einer Leine Spiegel, so beginnen die Tiere mit ihrem Spiegelbild verbissene Kämpfe durchzuführen, bis sie sich ins Boot gehoben fühlen.

Der Rückenschulp der Sepia ist zu einem feststehenden Bestandteil der Vogelkäfige geworden. Die Vögel wetzen daran ihren Schnabel, vor allem aber, sie picken den kohlensauren Kalk. Die weichere Unterseite wird, fein zermahlen, als Poliermittel verwendet.

Vor Jahrmillionen gab es vermutlich sehr viel mehr von diesen Tintenfischformen (Cephalopoden) — bis zu 10000 Arten werden angenommen. Sie hatten alle Meere bevölkert. Da sie meist eine kräftige, in einer Ebene aufgewundene Kalkschale (Ammonshörner) besaßen, die sich erhalten haben, ist man über ihr Vorkommen gut unterrichtet. Auch die Vorfahren mit Rückenschulp (sepiaartige) waren früher sehr artenreich. Überall findet man die Belmiten mit dem „Donnerkeil“ als Schulp.

Kompliziert ist bei den Tintenfischen die Begattung. Sowohl im männlichen wie im weiblichen Geschlecht liegt die Ausmündung der Geschlechtsorgane noch innerhalb der Mantelhöhle. Dadurch entsteht ein Problem, das besonders elegant vom Papierboot (Argonauta) gelöst wurde. Meist ist es zwar so, daß das

Männchen seinen Arm, der dafür besonders ausgebildet ist, sog. Hektokotylus, und der eine Rinne von der Basis bis an sein lang ausgezogenes Ende besitzt, in den Mantelraum des Weibchens einzuschieben versucht, nachdem das Männchen vorher einige Zeit, immer in respektvoller Entfernung verharrend, das Weibchen mit diesem Arm betastet und gestreichelt hat (Abb. 17). Der Samen läuft nun, durch peristaltische Kontraktionen der Muskulatur vorwärtsgetrieben, der Rinne entlang; und da das Ende des Armes in die weibliche Geschlechtsöffnung eingedrungen ist, gelangt auch der Samen dorthin.

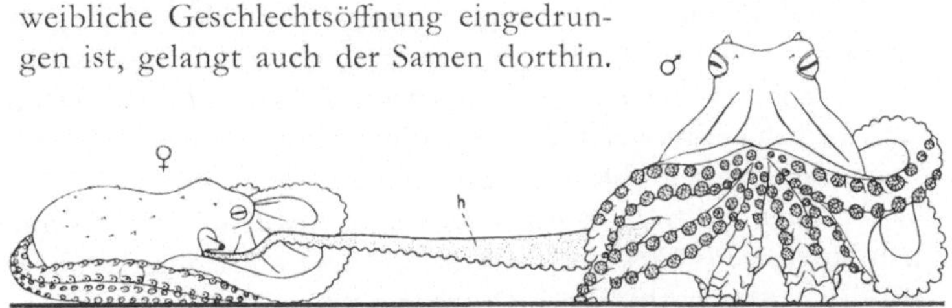

Abb. 17. Paarungsstellung von Octopus vulgaris (modif. nach Rocoritza.) Das Männchen hat sich mit der Unterfläche seiner Arme an der Glaswand des Aquariums befestigt, sein Hectocotylus (h) ist in die Mantelhöhle des Weibchens eingeführt (aus Meisenheimer)

Bei manchen Arten genügt jedoch schon die Nähe des Weibchens, um das Männchen zu veranlassen, seinen Hektokotylus abzuschnüren. Dieser macht sich dann selbständig und strebt danach, mit seiner wertvollen Fracht in den Mantelraum des Weibchens und dort an dessen Geschlechtsöffnung zu gelangen. Oft hat man mehrere solcher Arme im Mantelraum eines Weibchens gefunden — man hielt sie ursprünglich für Parasiten —, wodurch eindeutig die polyandrischen Neigungen des Weibchens erwiesen sind, ohne daß es in flagranti ertappt werden mußte. Da aber die Männchen nur über einen einzigen, im Geschlechtsdienst besonders ausgebildeten, galanten Arm verfügen, sind sie mangels des nötigen Instrumentariums zur Monogamie verdammt, wenigstens, bis der Arm sich wieder regeneriert hat.

Austern

Ist es eine Modesache, Austern zu essen? Und ist es beim Konsumenten nur Einbildung, daß er eine Delikatesse genießt? Die Auster also nur eine Suggestion?

Eine Modesache ist das Austernessen gewiß nicht. Die Römer hatten schon Austern gezüchtet und der Kaiser Vitellius hat stärkeren Eindruck auf die Nachwelt nur dadurch zu hinterlassen vermocht, daß er täglich, wie berichtet wird, dreimal je 1200 Austern konsumiert haben soll. Obwohl man dem stiernackigen, grobschlächtigen Materialisten eine erstaunliche Leistung beim Tafeln zutraut, so scheint mir bei diesen Angaben doch ein Kommafehler unterlaufen zu sein; aber selbst dann noch wäre es von dem als sehr gefräßig bekannten Imperator eine respektable Leistung gewesen. Nimmt man bei der Auster ein Gewicht des „Fleisches" von 10 g an, so hätte er sich immerhin täglich mit 360 Austern rund 7 Pfund einverleibt. (Ohne Kommafehler jedoch 70 Pfund.) Meine Berechnung über das Fassungsvermögen des Magens von Kaiser Vitellius wird gestützt durch die Feststellung von Grimod de la Reynière (1803), der im Almanac des Gourmands ausführt, daß die Auster nach dem 6. Dutzend aufhört, den Appetit anzuregen. Hätte sich Vitellius streng daran gehalten, dann wäre er bei 3 Mahlzeiten auf 18 Dutzend, das sind 216 Stück, gekommen. Da ihm eine solche Selbstbeherrschung aber nicht zugeschrieben werden kann, muß man ihm einen Zuschlag von 50% zubilligen und kommt dann damit auf die oben angegebene Größenordnung.

Von einer Modesache kann man also hier sicher nicht sprechen; abgesehen davon, daß die Auster von je in manchen Gegenden Volksnahrung ist.

Und dennoch ist die Frage, warum der Gourmet sie so schätzt, nicht ganz unberechtigt. Man *ißt* diese Muschel nicht, man zerkleinert sie nicht, man schlürft sie nur und hat keine Ahnung wie sie schmecken würde. Man will aber auch gar keine Ahnung haben. Da wo sie Volksnahrung ist, will man nur satt werden, es sei denn, daß man sie gebacken ißt. Und da, wo man sie teuer bezahlt, wünscht man den Geschmack der Flüssigkeit, die mit der Auster geschlürft wird und die das Tier überzieht. Zu dieser Geschmacksnote kommt dann noch die lediglich physikalische Auswirkung auf die Mundhöhlennerven von einem schlüpfrigen, etwas schleimigen Objekt hinzu, das hinabgeschluckt wird — eine reine Tastempfindung. Wird die Auster, kurz bevor man sie genießt, mit Zitronensaft beträufelt, so zieht sie sich zusammen. Mag manchen

Menschen gerade die Überwindung, Lebendiges zu essen und inmitten höchster Zivilisation leichten Kannibalismus zu betreiben, ein angenehmes Gruseln verursachen.

Es bleibt also dabei: Die Auster — eine Delikatesse, allerdings insofern etwas pervers, als der Austernesser gar nicht wünscht zu wissen, ob sie wirklich eine Delikatesse bliebe, wenn er anfinge, sie zu zerkauen. Dadurch nimmt die Auster auch allen anderen Muscheln gegenüber eine Sonderstellung ein; die anderen werden gegessen, ja man kann sagen, sie müssen gegessen werden, weil ihr Fuß (der bei der Auster völlig rückgebildet ist) ein Schlürfen gar nicht gestattet. Ist er doch ein recht solides, sehr muskulöses Organ. Die Auster aber, die auf der Seite liegend (meist auf der linken) mit der unteren Schale fest mit der Unterlage verwächst, hat für einen Fuß keine Verwendung mehr. Durch dieses Festwachsen wird die Auster auch asymmetrisch. Die untere Schale ist gewölbt. In ihr wird das Tier serviert. Die obere ist flach und wirkt wie ein Deckel.

Nun aber, wie sieht dieser Fuß bei den anderen Muscheln aus, und was bleibt dem Austernverspeiser noch übrig, wenn das solideste Organ der Muschel bei der Auster nicht mehr vorhanden ist?

Stellen wir uns vor, wir schneiden eine Teichmuschel quer durch, dann würden wir alles Wesentliche auf diesem Querschnitt finden. Alles Wesentliche? — wird der Kritische fragen. Ist der Kopf wirklich so unwesentlich? Bei der Muschel ist er mehr als das. Er ist überhaupt nicht vorhanden. Was sollte so ein Tier auch damit? Es kann weder angreifen noch davonlaufen. Für ein so passives Leben braucht es keine Augen, kein Gehör, kein kompliziertes Gehirn, kurz, es braucht keinen Kopf. Am Vorderende liegt der Mund. Die Muschel würde vielleicht erstaunt fragen, wieso nennt ihr dies das Vorderende? Der Wasserstrom, der das Atemwasser und mit ihm auch die Nahrung bringt, die aus Kleinzeug besteht, tritt hinten ein, zirkuliert zwischen den Kiemenvorhängen (Abb. 18 K) hindurch, gibt hier Sauerstoff ab und nimmt Kohlensäure auf, läuft dann vorn am Mund vorbei, wo eine bewegliche feine Hautfalte alle festen Bestandteile zum Munde führt, kehrt dann wieder um, und verläßt wiederum hinten den Mantelraum. Die Muschel mag also überrascht sein, wenn wir diese wichtige Eintritts- und Austrittsstelle des lebenspendenden Wasserstroms als hinteren Pol bezeichnen.

Die Kiemenvorhänge (K), die von vorn bis hinten durchlaufen, sind jeweils doppelt gerafft, so daß auf jeder Seite je 2 Doppelvorhänge vorhanden sind. In diese Zwischenräume werden die befruchteten Eier aufgenommen, die hier sehr gut geschützt und reichlich mit Sauerstoff versorgt ihre erste Embryonalentwicklung durchlaufen. Vorher müssen sie allerdings befruchtet werden, durch Liebe auf Distanz. Zur Zeit, wenn die Eier reif sind, entlassen die Männchen ihren Samen ins Wasser, der dann mit dem Atemwasser in den Mantelraum eines Weibchens gelangt. Es geht hier also alles auf gut Glück, aber — es geht. Es ginge nicht, wenn nicht für große Wahrscheinlichkeit der Befruchtung und für ungeheuere Fruchtbarkeit gesorgt wäre. Unsere Auster produziert etwa eine Million Eier. Die große sog. Virginische Auster, die an der Ostküste Nordamerikas lebt, soll bis 60 Millionen bilden. Aber wieso dieser Unterschied? Wenn für unsere Auster eine Million Eier zur Erhaltung der Art genügen, warum dann diese Überproduktion bei der amerikanischen Art? Weil sie größer ist — das ist keine Erklärung. Aber während unsere Auster die Gewohnheit der meisten Muscheln beibehalten hat, ihre Embryonen in die Kiemenzwischenräume aufzunehmen, ist die amerikanische Muschel davon abgegangen. Sie entläßt die Brut nach außen und setzt sie so einer sehr viel größeren Dezimierung aus. Dazu kommt, daß sie getrennten Geschlechts, unsere Auster jedoch zwittrig ist; doch reifen die Eier und Samenzellen zu verschiedener Zeit, so daß eine Selbstbefruchtung solcher Art verhindert wird.

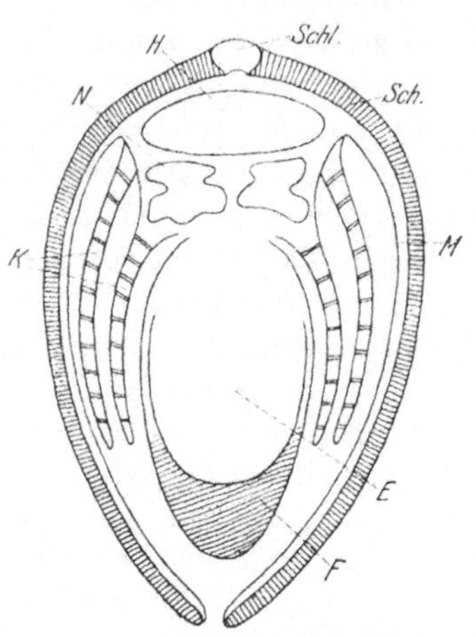

Abb. 18. Querschnitt durch eine Teichmuschel. *Schl* Schloß, *Sch* Schale, *M* Mantel, *K* Kiemenblätter, *H* Herz, *N* Niere, *E* Eingeweidesack, *F* Fuß (aus R. Hertwig)

Die Geschlechtsorgane liegen im Fuß (Abb. 18 E), wo sie die Darmwindungen umlagern. Der untere Teil des Fußes besteht aus

Muskeln (F), die den Fuß zu einem schmalen, beilförmigen Gebilde verlängern können, das dann aus der mäßig geöffneten Schale hervorgestreckt werden kann und der Muschel im Schlick und Sand langsame Fortbewegung gestattet.

Die Schalen werden durch einen oder durch zwei kräftige, quer hindurchziehende Muskeln zusammengehalten. Die Kraft dieser Schließmuskeln zu überwinden, ist dem so harmlos aussehenden Seestern gegeben. Er ist der gefährlichste Räuber für die Muscheln; auch für die Austernbänke. Von einem tüchtigen Räuber erwartet man, daß er behend ist, daß er über große Kräfte oder über ein heimtückisches Gift verfügt. Nichts von all dem finden wir beim Seestern. Seine furchtbare Waffe ist die Beharrlichkeit, die man gerne als Stumpfsinn bezeichnen würde, wäre sie nicht immer so erfolgreich. Zunächst stellt sich der Seestern über die Muschel (Abb. 12). Ein Teil seiner Arme faßt nun mit seinem Wald von Saugfüßchen die eine Schale der Muschel, der andere Teil zieht an der anderen Seite. Die Muschel hat bereits ihr Gehäuse fest zugeschlossen. Man kann sich nun schwer vorstellen, wie der Seestern hier zum Ziele kommen soll. Ist es doch, wie wenn die Muschel ahnte, daß der Kampf auf Leben und Tod geht, so fest preßt sie die Schalenränder aufeinander; und der Seestern scheint nicht die geringste Wirkung zu erzielen. Aber er zieht unverdrossen. Schließlich, nach etwa 20 Minuten, ist es so weit, daß die Muschel es sehr nötig hat, ihr Atemwasser zu erneuern; denn der Sauerstoff geht ihr allmählich aus und infolgedessen beginnt der Schließmuskel (die Auster hat nur *einen*) zu ermüden. Sie öffnet die Schalen nur ein wenig, um Wasser einzulassen, und schon ist ihr Schicksal besiegelt. Immer weiter reißt der Seestern jetzt die Schalenhälften auseinander. Zugleich aber stülpt er seinen großen, gefalteten Magen durch seinen Mund nach außen, der nun die Muschel wie ein Zelt bedeckt. Die Magensäfte dringen in den Mantelraum des Opfers ein und nach einigen Stunden ist die Muschel völlig verdaut. Dann zieht sich der Magen mit den verdauten Muschelsäften wieder in seine ursprüngliche Lage zurück.

Nun nochmal die Frage, was bleibt dem Austernliebhaber bei seinem Gericht übrig, da die Auster den muskulösen Fuß völlig rückgebildet hat. Es bleiben die Wurzel des Fußes, die den Darm und die Geschlechtsorgane enthält, die Nieren, Herz und

Herzbeutel, auffallend groß für ein unbewegliches Tier (H), der Schließmuskel und die beiden Mantellappen. Dazu kommt „der Bart“. So nennt man die Kiemen. Warum? Vielleicht, weil sie braun sind. Aber diese und der Mantelsaum werden abgeschabt, bevor man das Tier schlürft. Man kann also sagen: Vom Standpunkt eines Hungrigen bleiben nur unsolide, dünne, schleimige Gewebe. Aber sie enthalten hochwertige Nahrungsstoffe.

Die Auster ist weit verbreitet. Sie kommt in den Ozeanen und im Mittelmeer vor. Sie liebt ruhiges Wasser und gedeiht auf Bodenerhöhungen (= Bänken), wo sie nicht von Verschlammung bedroht wird. Verminderter Salzgehalt des Wassers wird bevorzugt. Sie gedeiht auch im Brackwasser mit wenigstens 1,7% Salzgehalt, ebenso in der Nähe von Flußmündungen. Ja, der Feinschmecker behauptet, daß diese Muscheln besonders delikat wären. Sehr gut wächst die Muschel in Nachbarschaft von Seetang, da das Wasser dann meist reich ist an allerlei Kleintieren, die der Muschel zur Nahrung dienen. Sie geht nie sehr tief, meist nur bis 20 m. Nur ganz selten findet man sie auch in 30 m Tiefe. Die Fortpflanzungszeit fällt in Mai bis August.

Werden die Larven von der Mutter entlassen, so schwimmen sie einige Zeit frei umher. Beinahe alle Meerestiere machen in ihrer ersten Jugend in solcher Weise eine frei schwimmende Larvenform durch, die zur Verbreitung der Art und Ausnützung günstiger Lebensbedingungen beiträgt. Da die Austernlarve sich nicht weit entfernt, so bilden sich bei der großen Fruchtbarkeit dieser Tiere gewaltige Siedlungen, die sogenannten Austernbänke.

Als Volksnahrung wird die Auster in Italien und in Nordamerika viel gegessen. Schon die Römer hatten in einfacher Weise vor allem bei Bajä Austernzucht betrieben. Es wurden Reisigbündel an günstigen Stellen ins Wasser gehängt, und man durfte nun erwarten, daß junge Larven sich daran festsetzen würden. Nach etwa 3 Jahren konnte man dann die reifen Tiere ernten. Aber auch der Versand war damals schon auf weite Strecken — selbst von England bis Rom — bekannt.

Heute wird die Zucht rationeller betrieben. Man bringt die jungen Tiere, nachdem sie sich niedergelassen haben, in besondere, kleine Behälter, wo diese Brutaustern bald zu Saataustern heranwachsen. Dann werden sie in die Mastteiche ausgesetzt. Dies sind etwa 1000 qm große und größere, mit Holz ausgekleidete Teiche, sogenannte claires, die mit dem Meer in Verbindung stehen (Abb. 19). Entweder wird täglich das Wasser gewechselt oder der Teich ist so angelegt, daß nur die Springflut zur Wassererneuerung führt. Immer werden die Muscheln sorgsam betreut. Feinde werden zurückgehalten, und es wird alles getan, damit der Teich dem Namen „Mastteich“ Ehre macht. Entwickeln

Abb. 19. Austernparks, sog. Claires; Nordwestküste Frankreichs. Die gefischten jungen Austern werden hier zur Mast eingesetzt; nach etwa 2 Jahren sorgfältiger Wartung sind sie reif für den Verkauf (aus: Das Reich der Tiere)

sich Algen in starkem Maße, dann erhält die Auster eine grünliche Farbe. Auf solche Exemplare ist der Gourmet besonders erpicht.

In diesen claires werden die Tiere nach 2 Jahren marktfähig. Solche Teiche findet man heute in Frankreich, Belgien, Holland, England und Nordamerika. Soll irgendwo eine für Austern günstige Stelle besiedelt werden, so beginnt man mit dem Ankauf von Saataustern. So wurde der Limfjord, nachdem er nach Westen dem Meer geöffnet wurde, mit Austern geimpft, da sich hier bald ein Brackwasser von etwa 2—2,5 % Salzgehalt, das Optimum für die Austern, einstellte.

Man rechnet, daß heute alljährlich die Auster etwa 10000000 kg (?) Fleisch liefert. Diese Zahl liegt viel zu niedrig. (Die Angaben sind teilweise widersprechend.) 10000000 kg würde nur etwa einer Milliarde Austern entsprechen. Frankreich konsumiert aber allein schon mehr als eine Milliarde. England ebenso. Man darf also auch hier einen Kommafehler annehmen. Der Ertrag Deutschlands ist seit 1900 auf Null zurückgegangen. Der Import aus Dänemark ist dementsprechend hoch. 1954 belief er sich auf 61000 kg. Etwas weniger liefert uns Niederland.

Versuche, den Rückgang der Austern aufzuhalten und unsere Austernbänke wieder ertragreicher zu gestalten, mißlangen. Der Grund liegt, wie man nun erkannte, an den hydrographischen Eigentümlichkeiten des betreffenden Gebietes, das in seiner ganzen Ausdehnung durch vorgelagerte Inseln charakterisiert ist. Dadurch strömt bei jeder Flut neues Nordseewasser in das Wattenmeer von Westen her ein und fließt bei Ebbe nach Osten ab. Es findet also keine Pendelbewegung des Wassers sondern ein Durchströmen in östlicher Richtung statt.

Nun müssen die Larven der Austern etwa 14 Tage planktontisch leben und werden in dieser Zeit von den Strömungen weitergetrieben. So lange im ganzen Wattenmeer und in der Nordsee reiche Austernbänke vorhanden waren, bedeutete dies nur eine stete leichte Verschiebung von West nach Ost. Nachdem aber durch Überfischung der Austernbestand sich stark gelichtet hatte, verschwand eine Bank nach der anderen. Bemühungen um Neubesiedlung werden nur Erfolg haben können, wenn man die Austernlarven in abgeschlossenem Raum halten und zum Ansatz bringen kann. Zur Zeit laufen Versuche mit portugiesischen Saataustern, die an der nordfriesischen Küste ausgesetzt werden.

Der Versand geschieht trocken in Fässern und auch in Kisten. Abgestorbene oder verendete Muscheln sind leicht an dem Klaffen der Schale zu erkennen. Sie werden ausgeschieden.

Die Weltfänge an Weichtieren werden 1955 mit 2500000000 kg angegeben. Wieviel hiervon auf Austern entfallen, ist allerdings nicht zu ermitteln. Immerhin wird nur ein Bruchteil davon auf diese Muscheln entfallen, da nicht nur die große Zahl der anderen eßbaren Muscheln in diesen Fangzahlen enthalten sind, sondern auch die Tintenfische, die sehr ins Gewicht fallen.

Die wildwachsenden Austern werden mit Austernschabern oder Scharrnetzen, die einen gezähnten, eisernen Bügel besitzen, gewonnen. Man hat sehr darauf zu achten, daß solche Austernbänke nicht radikal abgeerntet werden, da sie sonst sehr schnell von anderen, wertloseren Muscheln in Besitz genommen werden.

Die Austernzüchter haben größtes Interesse daran, daß nur einwandfrei lebendes Material verkauft wird und daß die Tiere auch beim Versand keinen Schaden leiden. Fallen irgendwelche Beschwerden an, so können die zusammengeschlossenen Verbände sofort ermitteln, woher die Tiere bezogen wurden. Von bestehenden Laboratorien aus werden dann Experten entsandt, die die in Frage kommenden Austernbänke zu prüfen haben.

Es hat sich gezeigt, daß nicht nur von verdorbenen Tieren Gefahr droht. Es wird jetzt auch überall peinlich darauf geachtet, daß keine Abwassereinläufe Schaden anrichten können. Dabei geht es nicht allein um Typhusbazillen, sondern auch um anorganische Gifte. Muscheln — und dies gilt auch für die Miesmuschel und andere — speichern z. B. Kupfer, ohne in der Gesundheit beeinträchtigt zu werden. Infolgedessen wird nun auch immer scharf kontrolliert, ob von dieser Seite her Schaden entstehen kann.

Vor 60 Jahren wäre man erstaunt gewesen, die *Miesmuschel* (Mytilus edulis) unter den Nahrungsmitteln, oder gar unter den Delikatessen aufgeführt zu finden. Damals verwendete man sie nur als Dünger. Wenn der Zoologe sie trotzdem schon viel früher als edulis, d. h. als eßbar bezeichnete, so war damals wohl unter „eßbar“ nicht mehr verstanden als „nicht ungenießbar“. Der Einbürgerung der Miesmuschel als Nahrungsmittel stand die Befürchtung der Vergiftung gegenüber. In der Tat entwickeln sie bei ruhendem Wasser einen Giftstoff — Mytilotoxin genannt. Dagegen kann man sich jedoch leicht schützen. Bei kurzem Aufkochen löst sich das Gift im Wasser. Gießt man dieses ab, so besteht keine Gefaht mehr. Immerhin weist diese Giftbildung darauf hin, daß der Muschel bewegtes Wasser bekömmlicher ist, abgesehen davon, daß auch ihre Nahrungsversorgung dadurch begünstigt wird.

Die Miesmuschel ist symmetrisch gebaut, die blauschwarze Schale dreieckig geformt. Man findet die Muschel im Atlantischen Ozean und seinen Nebenmeeren. In der Ostsee bleibt sie ziemlich klein. Sie setzt sich gerne an feste Gegenstände mit rauher Oberfläche an, die dann oft völlig überdeckt sind von solchen Muschelkolonien. Mittels ihrer hellen, in feinsten Knöpfchen endenden Byssusfasern heftet sie sich sehr fest an die Unterlage an. Trotzdem bleibt auch ihr die Möglichkeit langsamer Ortsveränderungen. Wir haben bei der Pinna nobilis schon davon gesprochen.

Die deutsche Nordseeküste liefert jährlich um 10000000 kg; die Ostsee erheblich weniger (70000). Sehr ertragreich ist der Limfjord; denn der geringe Salzgehalt fördert nicht nur die Auster, sondern auch die Miesmuschel. Die Temperaturen spielen, soweit sie sich nicht in Extremen bewegen, eine geringe Rolle. Anfang September bis Ende April werden die Tiere gesammelt.

Der Versand geschieht in ziemlich konzentrierter Salzlösung. Wie die meisten Muscheln, so sind auch die Miesmuscheln sehr vitaminreich. Außerdem enthalten sie viel Jod. Das Muschelkochwasser wird zu Suppen und Saucen verwendet, der Byssus als Suppenwürze.

Seit 1950 wird die Miesmuschelernte der Nordsee durch einen Parasiten schwer geschädigt. Es ist ein kleiner Krebs, Mytilicola, 5—8 mm lang, der zu den Copepoden gehört. Er parasitiert im Darm und wird, da er viel Hämoglobin enthält, als roter Wurm bezeichnet. In einzelnen Exemplaren ist er zu jeder Zeit zu finden. Ein Befall von 2% der Muscheln ist normal, wobei die einzelne Muschel meist nur einen, oder höchstens 2 Parasiten beherbergt. Die Gesundheit der Muschel wird dadurch nicht beeinträchtigt. Sind jedoch mehr als 3 vorhanden, so magert die Muschel ab, verliert an Schmackhaftigkeit und geht schließlich ein. Es sind aber auch schon bis zu 40 Exemplaren in einem Wirtstier gefunden worden.

Während an der Küste bei Büsum eine Zunahme der Parasiten bisher nicht beobachtet wurde, hat die Epidemie westlich der Elbemündung und weiter in Holland, Belgien und Frankreich und auch in England — nicht in Italien — bedrohliche Formen angenommen. Der Befall ist hundertprozentig. In Holland betrug die Ernte 1949 noch 50000 t; im Jahre darauf war sie auf 5000 t zurückgegangen. Auf Grund anderweitiger Erfahrungen hofft man, daß die Epidemie von selbst wieder erlischt. Bis jetzt sind allerdings keine Anzeichen dafür vorhanden.

Eine besondere Delikatesse stellt die *Steindattel* dar, eine kleine Muschel, die in selbstgebohrten Höhlen im Stein sitzt (Abb. 20). Es ist schwer, ihr beizukommen; noch schwieriger ist es, festzustellen, wie dieser Steinfresser (Lithodomus lithophagus) dazukommt, im härtesten Stein zu bohren. Im Golf von Neapel wird der Italienfahrer noch in besonderer Weise auf diese Tiere aufmerksam. In der antiken Markthalle von Pozzuoli, in dem sogenannten Serapeum, zeigen korinthische Säulen in der Höhe bis über 5 m zahlreiche kleine Höhlen, die die Steindattel einstens gebohrt hat. Diese Säulen sind mit der ganzen Umgebung ehedem langsam ins Meer hinabgesunken und später bei dem Ausbruch, der 1538 innerhalb von Stunden den Monte nuovo in nächster Nähe entstehen ließ, wieder gehoben worden. In Reisehandbüchern ist auch meist noch die nicht fundierte Hypothese zu finden, das Serapeum sei als Meeresaquarium benutzt worden.

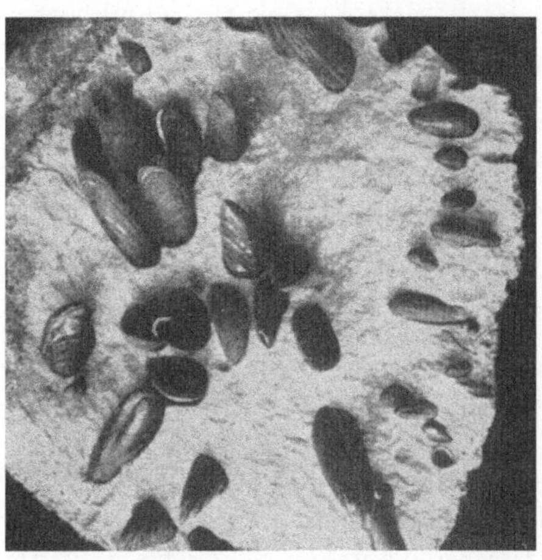

Abb. 20. Steindatteln (aus: Das Reich der Tiere)

Viel gegessen werden ferner die *Herzmuschel* (Cardium) und die *Pilgermuschel* (Pecten), die früher die Jerusalem-Pilger nach Rückkehr mangels Stocknägeln oder Hutabzeichen sichtbar auf der Brust trugen; und in Nordamerika die im Sand lebende *Sandklaffmuschel* (Mya armaria), die bei uns nur als Köder benützt wird, und schließlich die „*Strandauster*" oder „Piepoister", die mengenmäßig eine gewisse Rolle spielt.

Die größte Muschel, die allerdings nur gelegentlich erbeutet wird, die *Riesenmuschel* (Tridacna) liefert ein respektables Festmahl mit ihrem zentnerschweren Gewicht der Schale. Die nackte Muschel kommt allerdings über 20 Pfund kaum hinaus.

Auf den Fischmärkten in Italien erscheinen nahezu alle Muscheln und Schnecken, sofern sie nur leicht in größerer Zahl zu erbeuten sind. Alle werden gegessen.

Krebse

Die marinen Krebse zählen alle zu den Delikatessen, wenigstens für das Auge. Begeisternd und ergötzlich zugleich diese bunte Schar; die einen elegant im Wasser schwebend, oft leicht durchsichtig wie Elfen — oder ist es indezent, sich Elfen durchsichtig vorzustellen? —, so verharren sie über schwingendem Tang, den sie mit ihren Füßen kaum zu berühren scheinen; andere, schwer zu entdecken, krabbeln in den Pflanzen umher, grasgrün auf grasgrünen Blättern, und, wenn sie ihr Spaziergang auf die nachbarliche Rotalge führt, so erröten sie dort; in brauner Umgebung vermögen sie ebenso schnell braun, wie in schwarzer tief dunkel zu werden. Es gibt keine Farbe, zu der sie sich nicht in kurzer Zeit bekennen würden.

Dann solid am Boden schreitend ein Riese, gewaltig, imponierend, die Riesenscheren abschreckend vor sich herschiebend, der Hummer. In seiner individuell ziemlich stark variierenden dunklen Farbenpracht und seiner grotesken Silhouette wahrlich eine Delikatesse für das Auge. Wer aber kann diese drohenden Scheren betrachten, ohne in sich freundliche Erinnerungen zu wecken an die auf einem Teller zugeteilte, bereits aufgeknackte Schere, wobei der Kenner sofort feststellt, ob er die größere oder die kleinere von beiden, stets ungleich großen Gebilden erhalten hat.

Der Hummer wird mit Reusen oder Netzen gefangen. Das Schonmaß ist auf 20 cm festgesetzt. In Europa kommen jährlich einige Millionen auf den Markt. Unsere Hummern stammen meist von Helgoland, etwa 10000 kg im Jahr. Damit ist der Bedarf nur etwa zur Hälfte zu decken. Wir importieren vor allem dänische Hummern. Der Import von dort betrug 1955 rund 11000 kg. Darin sind auch die Langusten enthalten. Mitte Juli bis Mitte September hat unser Hummer Schonzeit. An der Ostküste von U. S. spielt der Hummerkonsum eine bedeutendere Rolle. Es handelt sich dort um eine größere Art als bei uns (Homarus americanus). Sie wird 1 m lang und 17 kg schwer. Ein großes Hummerweibchen hat bis zu 10000 Eier, die es wie unser Flußkrebs unter dem Hinterleib mit sich herumträgt. Man kann sie ablösen und in Zuchten bis zum Ausschlüpfen der Jungen betreuen.

Eine sehr kleine Ausgabe des Hummers ist der an der norwegischen Küste vorkommende lachsrote Kaisergranat (Nephrops norwegicus). Die Scheren sind zu klein, um verwertet zu werden. So kommt nur der geschälte Hinterleib, in Glasdosen verpackt, in den Handel. Feinschmecker schätzen ihn ebenso hoch und höher als den Hummer.

Dann ein Vetter von ihm, mehr oder weniger rot gefärbt, etwas kleiner, sonst wie ein Hummer, dem die Scheren nicht gewachsen sind, — die Languste. Daß sich dieser abgerüstete Krebs im Lebenskampf zu halten vermag!? Er hat die Scheren durch einen Bluff ersetzt. An den Fühlergelenken kann er ein seltsames, knarrendes Geräusch erzeugen. Ob dies allerdings sehr wirksam ist in dieser Welt der Taubstummen? Doch seien wir vorsichtig. Man hat festgestellt, daß die Langusten selbst auf ein solches Knarren reagieren. Die Verliebten vor allem scheinen sich gegenseitig anzuknarren. Aber ein Gehörorgan hat man bei diesen Formen vergeblich gesucht. Es ist also nicht alles taub, bei dem wir noch keine „Ohren“ gefunden haben. Meist wird in kritischen Lagen bei ihm die ultima ratio in der Flucht liegen durch schnelles Rückwärtsschwimmen, wie wir es von unserem Flußkrebs kennen. Gelingt ihm aber die Loslösung vom Feind nicht schnell genug, hat dieser ein Bein erwischt oder, wie es im Kampf mit einem Tintenfisch häufiger vorkommen mag, ist an den langen, starren Extremitäten etwas in die Brüche gegangen, dann wirft er das unbrauchbar gewordene Bein ganz weg, um es bei den nächsten Häutungen wieder zu regenerieren. Hierfür ist eine bestimmte Stelle vorgesehen. Hier wird „autotomiert“, ohne daß mehr als ein Tropfen Blut verloren geht (Krabben ohne jeden Blutverlust).

Kommt auch die Languste unbeholfen daher, eingeschlossen in ihrem starren Panzer, gleich einem Raubritter, der nicht mehr rauben kann, so vermag sie sich doch inmitten der Feinde zu behaupten durch Flucht und durch die Fähigkeit der Selbstverstümmelung. Aber der Hummer und die anderen Krebse können das auch.

Im Mittelmeer wird die Languste bis zu 8 kg schwer bei einer Größe von 40 cm. Auch hier schlüpfen aus den Eiern Larven aus, die zunächst pelagisch im offenen Meer umherschwimmen. Die Langustenlarven sind flach, blattartig, durchsichtig, von bizarrer Form, die nicht ahnen läßt, daß daraus ein Krebs sich entwickeln wird (Abb. 21).

Abb. 21. Die Larve (Phyllosoma) der Stachellanguste (Palinurus). Dünn wie Papier und durchsichtig wie Glas, oben die gestielten Augen (aus: Das Reich der Tiere)

An Stelle der großen Scheren besitzt die Languste einen Muschelöffner, ähnlich einer Messerklinge, die gegen das vorletzte Glied arbeitet und in eine Rinne desselben eingeschlagen wird. Damit löst die Languste die Muscheln, ihre Hauptnahrung, von den Felsen ab und bricht sie auf.

Noch eine Gruppe langschwänziger, kleiner Krebse ist zu erwähnen. Wir kennen sie alle, wenigstens ihren Hinterleib, befreit von der Chitinschale, d. h. „geschält", dicht in Büchsen verpackt: die Garnelen, Crangon crangon und Leanderarten. An der Nordsee bildet diese Krabbenfischerei einen wesentlichen Anteil der Küstenfischerei. Von etwa 600 Motorkuttern mit einer durchschnittlichen Länge von 20 m werden auf deutschem Gebiet 30—40000 t jährlich angelandet. Hiervon entfallen aber nur etwa 4300 t auf Speisekrabben.

Die Krabben beleben den flachen Meeresboden nahe der Küste, wo sie sich meist etwas in den Sand vergraben. Die gute Ware geht als Speisekrabben in die Konservenfabriken, der größere Rest wird getrocknet und als Futtergarnele dem Geflügelkörnerfutter beigemengt, das dank des hochwertigen Eiweißes der Garnelen dadurch aufgewertet wird. Mangel an Schälerinnen hat in letzter Zeit öfter dazu geführt, daß auch sehr gute Ware zu Futter verarbeitet werden mußte.

Abb. 22. Palmendieb (Birgus latro) im Begriff, eine Palme zu erklettern (aus: Das Reich der Tiere)

Der Palmendieb (Birgus latro), ein respektabler, sehr kräftiger, etwa 30 cm großer, wohl ausgerüsteter Dieb, hat die Kiemenhöhle im oberen Teil für Lungenatmung eingerichtet, so daß er an Land und im Wasser leben kann. Bei trokkenem Wetter geht er nachts ins Meer, um die Kiemenhöhle anzufeuchten. Sonst lebt er in selbst gegrabenen Erdhöhlen am Land. Von hier unternimmt er seine Ausflüge, um Kokosnüsse zu botanisieren. Dabei begnügt er sich nicht nur mit „Fallobst". Er erklettert auch, wie immer wieder berichtet wird, die Palmen, um Nüsse abzuwerfen. — Gewiß eine respektable Leistung.

Die Nüsse bearbeitet der Krebs mit wuchtigen Schlägen seiner großen Scheren so lange und immer an bestimmter Stelle, bis er sie zu öffnen vermag. Sein plumper, breiter Hinterleib liefert ein sehr begehrtes, stark ölhaltiges Gericht (bis zu 2 l Öl). (Abb. 22.)

Von anderer Art ist die Vielfalt der kurzschwänzigen Krebse, die den wenig entwickelten Hinterleib nach vorn geschlagen unter der Brust tragen. Die kleinen und die mittelgroßen unter diesen Krabben möchte man als die Affen des Meeres — vielleicht auch als die Lausbuben unter den Krebsen bezeichnen. Sie fühlen sich verpflichtet, Leben in die Gesellschaft zu bringen. Schade, daß sie keine Töne produzieren können. Es würde sicher immer ebenso laut zugehen wie bei unseren Lausbuben. Denn immer gibt es etwas zu streiten, sich um etwas zu balgen, oder mit Erbeutetem davonzulaufen, die Neider hinterher. Und meist laufen sie seitwärts, was die Possierlichkeit noch erhöht.

Die kurzschwänzigen Krebse werden im allgemeinen nur von der armen Bevölkerung gegessen. Der große, bis zu 7 kg schwere Taschenkrebs (Cancer pagurus) jedoch soll im Geschmack dem Hummer kaum nachstehen. In nördlichen Ländern (Nordamerika, Sibirien) wird er zu Konserven verarbeitet.

Venedig hat seine Krabben-Spezialität. Man kann dort überall auf den Straßen direkt aus dem Kessel ganz billig gesottene Krabben kaufen (Carcinus maenas). Für die frisch gehäuteten zahlt man etwas mehr. Ich möchte den italienischen Straßenverkäufern das Geschäft nicht verderben, muß aber doch erklären, daß ich selbst auf dieses Gericht bisher immer verzichtet habe. Man denke nur daran, daß Venedig auf seiner selbst fabrizierten Kloake sitzt. Dies hat anscheinend den Vorteil, daß die gefährliche Bormuschel, die die Holzwände der Schiffe und die Pfähle der Deiche so schnell zerstört, (sofern diese nicht nach moderner Art geschützt werden), die Pfahlroste, auf denen Venedig erbaut ist, noch nie bedroht hat. Die „calamitas navium" braucht sauerstoffreiches Wasser und meidet Abwasser. Die Kloake bringt also gewaltige Vorteile. Daneben hat sie auch Nachteile. Sicher ist trotz Ebbe und Flut das Meer in Venedig ein guter Nährboden für alle möglichen Keime. Und da man keine Garantie hat, einen Krebs aus dem Kessel dargereicht zu bekommen, der wenigstens 10 Minuten darin gekocht hat, so verzichte ich lieber.

Aber ein Anderes kommt noch hinzu. Die Krebse haben mehrere Magentaschen. In diesen werden Gifte, die nicht in den Organismus kommen dürfen, abgefangen und deponiert. Dies gilt vor allem für Leichengifte; aber auch anorganische Gifte werden hier aufbewahrt, wie z. B. Arsen. Es ist also möglich, daß man mit der Krabbe ein Giftdepot konsumiert.

Auf den Fischmärkten der Mittelmeerländer ist immer die sogenannte Seespinne zu sehen, ein Kurzschwanzkrebs mit unverhältnismäßig langen Stelzenbeinen. Bei den großen Exemplaren, die bei den Hausfrauen recht beliebt sind, hat man den Eindruck, als könne das gebrechliche Beingestell den hoch oben thronenden Körper kaum tragen. Und in der Tat, bei der größten aller Seespinnen, die zugleich das größte Tier aller Arthropoden darstellt, ist es soweit, daß eine geringe Wellen- oder Strömungsbewegung dieses Gebilde, das aus einem Gewirr von überlangen Extremitäten besteht, umwirft. Diese Kaempfferia kaempfferi, die 5 m klaftert und ein Areal von 10—15 qm benötigt, will sie richtig auf den Beinen stehen, kann nur in der Tiefe bei völlig ruhigem Wasser leben (Abb. 23).

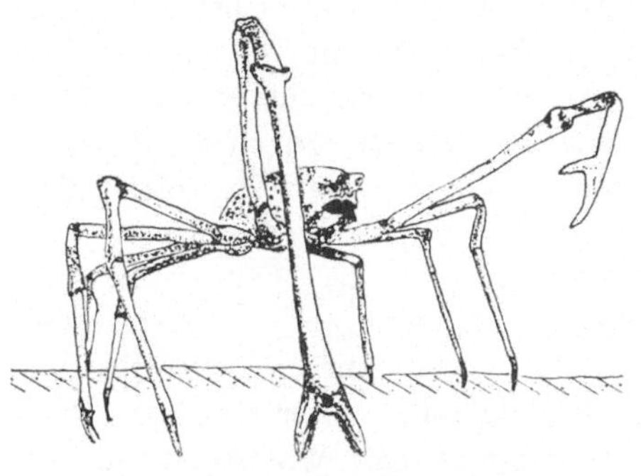

Abb. 23. Kaempfferia kaempfferi, der größte aller Krebse (aus: Das Reich der Tiere)

Hier ist die Natur mit ihren Konstruktionen bis an den Rand des Möglichen gegangen. Man hat zu bedenken, daß das Außenskelett bei der Bildung von Gelenken immer vor die Alternative gestellt ist: entweder gute Führung während der Bewegung, aber mit sehr geringer Exkursionsmöglichkeit, oder großer Bewegungsradius bei schlechtem Kontakt der beiden Teile. Je schwerer das Gewicht, das zu tragen ist, um so mehr muß die Bewegungsfreiheit eingeschränkt werden zu Gunsten eines soliden Kontakts. Daher größte Beweglichkeit bei den Kleinsten (Ameisen, Fliegen usw.); daher weiter die größten Formen der Gliederfüßler im Wasser (Hummer, Riesenkrabbe), wo das Körpergewicht wesentlich vom Wasser getragen wird, so daß der Herkuleskäfer, verglichen mit den großen Krebsen, durchaus nichts Herkulisches mehr hat, sondern geradezu zwerghaft wirkt.

Das Außenskelett bedingt die Kleinheit der Insekten und auch die begrenzte Größe der Krebse. Es bedingt aber auch die Existenz der Fazettenaugen, die in gleicher Stellung nach allen Seiten sehen können; ja, ein völlig durchsichtiges Krebschen kann mit seinen unpaaren Augen nach allen Richtungen, also auch durch sich selbst nach hinten sehen (Leptodora). Der große Vorteil eines so konstruierten Auges wird deutlich, wenn man bedenkt, daß das Außenskelett bei den großen Formen verhindert, daß der Kopf beweglich ist. Der Käfer, der Schmetterling kann sich nicht umschauen (Ausnahme: Libellen, bei denen Drehbewegungen möglich sind, ebenso wie bei den Ameisen, Fliegen usw., wo auf ein Kopf-Rumpf-Gelenk ganz verzichtet ist). Der Krebskopf ist fest mit der Brust verwachsen. Um dem Fazettenauge einen möglichst großen Gesichtskreis zu sichern, sind hier die Augen auf beweglichen Stielen angebracht.

Verfolgt man weiter, wie der ganze Bau dieser Tiere durch das Außenskelett in bestimmte Bahnen gezwungen wurde, so ist man als kritisierender Konstrukteur versucht zu sagen, diese Entwicklungsrichtung sei ein Irrweg. — Und doch — kein anderes Reich von Tieren hat sich so die Welt erobert wie Insekten, Krebse und Spinnen; ja, alle übrigen Tierreiche zusammen haben nicht so viele Arten hervorgebracht, wie allein die Insekten. Seien wir also vorsichtig mit unserer Kritik.

Und vom ästhetischen Standpunkt aus: Wie anziehend sind die Krebse, die größten wie die kleinsten. Und die Schmetterlinge, diese anmutigsten Geschöpfe — eine Fehlkonstruktion? Gewiß nicht. Nur bei Überdimensionierung, wie bei der Riesenkrabbe, kann so ein Gedanke entstehen.

Wenn man den Weltkonsum an Krebsen auf 800000 t schätzt, so darf man sicher sein, daß diese Zahl zu nieder liegt. Die arme Bevölkerung ißt beinahe jeden Krebs, den der Fischer ans Land bringt. Dieser Konsum kann nur ganz grob geschätzt werden.

Seemoos

Bevor wir nun die Wirbellosen verlassen und uns den Wirbeltieren zuwenden, sei noch ein Erwerbszweig erwähnt, der von unseren Küstenfischern mehr oder weniger nebenher betrieben, doch seit etwa 50 Jahren ihr Einkommen erheblich steigert.

Wir haben die roten Korallen kennengelernt. Sie besitzen ein ziemlich solides Skelett. Sehr viel kompakter sind aber die Kalkskelette der Korallen, die bei den Riffbildungen in starkem Maße beteiligt sind. Andererseits ist das Hornskelett der schwarzen

Koralle biegsam, elastisch und graziös. Unter den primitiven Formen dieser Gruppe gibt es nun eine große Zahl, die ein noch viel feineres, zarteres, hornartiges Skelett aufweisen. Und unter ihnen (Hydroidpolypen) sind es einige, die eine ansehnliche Höhe erreichen (bis zu 50 und 60 cm). Vor allem trifft dies für das Cypressenmoos (Sertularia), das Korallenmoos (Hydrallmania) und das Tannenmoos (Abietinaria) zu. Diese überaus zarten, elegant gefiederten Polypenkolonien haben kein Innenskelett wie die roten Korallen. Sie bestehen aus feinsten Röhren, die sich immer wieder aufteilen und an denen eine Unzahl nahezu mikroskopisch kleiner Polypenköpfchen sitzen. Ohne eine Stütze könnten sich diese zarten und ranken Gebilde gar nicht halten; sie sind daher mit einem, allerdings hauchdünnen, Hornskelett umgeben. Da wo die Polypen sitzen, erweitern sich die Hornröhren zu offenen Bechern, aus denen die Fangarme der Polypen und ihr Mundkegel hervorschauen. Bei Beunruhigung zieht sich der Polyp sofort vollständig in den schützenden Kelch zurück. Auch hier stehen die Einzeltiere der ganzen Kolonie — wie bei der roten Koralle — durch die feinen Röhren miteinander in Nahrungskommunikation (Abb. 24).

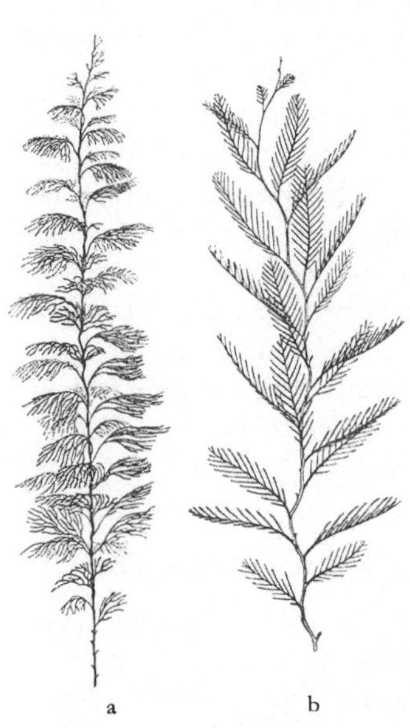

Abb. 24. Seemoos (Habitusbild). a Zypressenmoos (Sertularia cupressina), b Korallenmoos (Hydrallmania falcata) (aus Pax u. Arndt)

Läßt man ein solches zierliches, feinstes Bäumchen trocknen, so zerfällt die an sich sehr geringe lebende Masse, die aus mehr als 90% Wasser besteht, und zurück bleibt das meist etwas durchsichtige Hornskelett. Die Zartheit dieses „Strauchwerks" macht es sehr geeignet, um in Blumenbindereien als Ersatz für Pflanzen, die solche Feinheit nie erreichen, zum Aufputz verwendet zu werden. Für hängende Blumentöpfe und Vasen bilden sie einen aparten Schmuck. Meist werden sie vorher noch gefärbt. Die Hüte der Damen konnte sich das Seemoos noch nicht erobern, trotz Propaganda.

Für die Küstenfischerei stellt die Gewinnung von Seemoos eine nicht unbedeutende Unterstützung dar, zumal mit der wachsenden Nachfrage die Verkaufspreise gestiegen sind. 1955 wurde für gewaschenes Seemoos je kg DM 4,— bezahlt. An seichteren Stellen mit maximalen Tiefen von 15 m findet man an der friesischen Küste große Flächen dicht damit bestanden. In warmen Meeren kommt es nicht vor. An der Werbung beteiligen sich in diesem Gebiet im September und Oktober etwa 40 Kutter. Bei gutem Fang können 2, aber auch bis zu 10 Zentner im Tag von einem Kutter erbeutet werden. Meist verwendet man die sogenannte „Seemooskurre", eine mit Stacheldraht umwickelte Kette, die über den Boden gezogen wird. Zunächst muß ein gründliches Auswaschen erfolgen, eine Reinigung von den zahlreichen Tieren, die sich in diesen Wäldern wohlfühlen.

6. Das Ziel der Hochzeitsreise kann sich ändern

Mehr als 12000 Fischarten beleben das Meer. Manche von ihnen haben eine so glückliche Anpassung erreicht und sind demzufolge in so großer Zahl vorhanden, daß sie im freien Meer immer einen wesentlichen Haushaltsposten darstellen. Wir brauchen nicht mehr erklären, warum diese gewaltigen Fischzüge und Schwärme nur in den kälteren Meeren vorkommen. Aber seltsam, die Hochzeitsreise führt sie meist in wärmere Gegenden. Dabei handelt es sich oft um nur ganz geringe Temperaturunterschiede. Und nun die Frage: Geht es dabei um das Bedürfnis, wärmeres Wasser aufzusuchen, oder ist der Drang nach Temperatur*änderung* das Entscheidende, oder suchen sie eine ganz bestimmte Temperatur auf? Mit anderen Worten, muß es relativ wärmer werden oder entscheidet die *absolute* Temperatur. Schließlich wäre noch zu fragen, ob das Wandern an sich unerläßlich ist.

Der Kabeljau gibt uns eine eindeutige Antwort, die sich jedoch nur auf ihn selbst bezieht und keinesfalls verallgemeinert werden darf. Seit der Golfstrom wärmer und mächtiger geworden ist (nach 1900), wanderte der in Island geborene Kabeljau nach

Westen, nach Grönland, er wanderte auf die Weide. Dabei ließ er sich vom Irmingerstrom treiben. Hier an der Süd- und Südwestküste Grönlands fand er reichlich Nahrung bei Temperaturen, die ihm zusagten, bei 2—4°. Vor 1900 kannte man den Kabeljau in Grönland nicht, oder richtiger, man kannte ihn nicht mehr. Denn in früheren Zeiten wurde er unter Grönland reichlich gefangen. Wenn er aber auch jetzt wieder hier erscheint, so nur zum Fressen. Zum Laichen war es ihm an der grönländischen Küste doch noch zu kalt. So schwamm er, wenn die Laichzeit nahte, nach Island zurück, ein Weg von 1500 km (Abb. 25).

Seit etwa 1920 aber bleiben die Kabeljau in Grönland und laichen hier auch ab. Denn die Temperaturen sind seit dieser Zeit noch weiter gestiegen. Das Jahr 1920 wird auch als Markstein für den Beginn des Rückgangs *aller* Gletscher genommen, während ab 1850 nur einzelne, ab 1900 — um runde Zahlen zu nennen — ein größerer Teil der Gletscher abzuschmelzen begann.

Eine Verstärkung des Irmingerstroms, einhergehend mit einer Temperaturerhöhung von 2—3°, hat es somit dem Kabeljau möglich gemacht, auf seine weite, strapaziöse Reise zu verzichten und an Ort und Stelle die Hochzeit zu begehen. Weder Wanderung, noch Temperaturwechsel haben sich bei ihm als nötig erwiesen, sondern nur die absolute Laichtemperatur. Viel stärkere Temperatursteigerungen haben die letzten Jahrzehnte Spitzbergen gebracht. Die mittleren Wintertemperaturen des Wassers von — 3° sind auf + 4° gestiegen.

Der Kabeljau beweist natürlich nicht, daß auch andere Fische auf ihre Wanderung verzichten könnten. Viele ziehen vom freien Meer in Buchten und laichen erst in Ufernähe ab, andere, wie die Lachse, dringen weit in den Oberlauf der Flüsse vor, von wo sie sich nach dem Ablaichen wieder von der Welle ins Meer treiben lassen, und der Aal lebt in den Gewässern Europas und laicht in der Tiefe der Sargasso-See.

Der Kabeljau ist an Regionen von Kaltwasser gebunden, die nur recht mäßige Temperaturunterschiede aufweisen. So kann es kommen, daß schon eine geringe Erwärmung seine Laichgewohnheiten völlig ändert.

Viel undurchsichtiger sind die Bedingungen, die den Heringsschwarm bei seiner Hochzeitsreise leiten. Er zieht in wärmere

Gebiete, er sucht Küstennähe, und er, d. h. jede Rasse und Unterrasse, hat seine bestimmten, über lange Zeit hin unabänderlichen Hochzeitsstraßen. Unabänderlich? Hier eben liegt das Rätsel. Immer wieder erscheinen alljährlich gewaltige Heringsschwärme, in den Buchten drängen sich die Fische so dicht, „daß manchmal die Schiffe feststehen und kaum mit angestrengtem Rudern

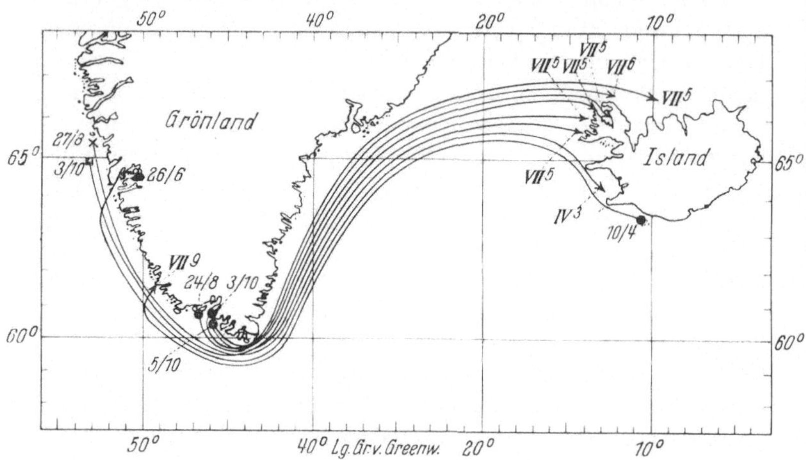

Abb. 25. Die grönländischen Kabeljau sind isländischen Ursprungs. Die mit dem Irmingerstrom nach Westgrönland gedrifteten Fischlarven wuchsen unter Grönland auf und zogen, nachdem sie die Geschlechtsreife erreicht hatten, nach Island zum Laichen zurück. Nach dem Laichen zogen viele Kabeljau wiederum auf die grönländischen Weiden. Heute ist die Wanderung zwischen Island und Grönland, die durch Kabeljaumarkierungen belegt werden konnte, nur noch gering, da die Temperaturen des Wassers seit etwa 1920 ein Laichen auch unter Grönland ermöglichen. Die Daten geben Ort der Markierung und Wiederauffindung der Tiere an (nach HANSEN)

(1208!!) herauszubringen sind“ (Saxo Grammaticus). Neue Siedlungen entstehen, die zu blühenden Städten heranwachsen, weit im Inneren des Landes wird der Reichtum verspürt, den der Hering bringt; und plötzlich beginnt der Segen abzunehmen, und innerhalb einiger Jahre ist es soweit, daß kein Heringsschwarm mehr sich diesem Gebiet nähert. Warum? Man weiß, daß die Temperatur auch beim Hering eine Rolle spielt, wie denn auch die jetzige Wärmeperiode sich auswirkt. Hier aber, für diese Schwankungen, die in Zeiträumen von einigen hundert Jahren vor sich gehen, können Änderungen der Temperaturen nicht immer verantwortlich gemacht werden.

Der Küstenstrich südlich des Oslo-Fjords bis gegen Göteborg, genannt Bohuslän, hat einen mehrmaligen Wechsel erlebt. Die Bohuslän-Fischer hatten Hochkonjunktur um das Jahr 1000, dann wieder von 1200—1350, ferner im 16. Jahrhundert, Ende des 18. Jahrhunderts und ab 1877. Dazwischen war die Heringsfischerei dort wenig ergiebig, z. T. hat sie sogar völlig versagt. Nimmt man etwa 1600 als Ende der Wärmeperiode, so ließen sich wohl die früheren Blütezeiten, nicht aber zwischen diesen das z. T. völlige Aussetzen erklären. Um das Jahr 1000 war es am wärmsten. 1600 begann die Kältezeit. Das Ansteigen der Bohuslän-Fischerei in der zweiten Hälfte des 18. Jahrhunderts fällt völlig in die „kleine Eiszeit", die etwa 1850 zu Ende geht. Die Hochkonjunktur seit Ende des 19. Jahrhunderts dagegen ließe sich wieder durch Temperaturanstieg erklären. Letzten Endes aber muß man sagen: Zwischen den klimatischen Schwankungen, die vermutlich immer mit gleichsinnigen Schwankungen des Golfstroms parallel gingen, und den Änderungen der Herings-Laichplätze läßt sich kein Zusammenhang erkennen.

Bestätigt wird dies auch durch das Schicksal einiger Fischerorte in der schwedischen Provinz Schonen, die früher z. T. blühende Städte waren (Falsterbo). Etwa zwischen 1200 und 1400 blühte hier die hanseatische Heringsfischerei. Dann blieben die Laichschwärme aus bis auf den heutigen Tag. Auch hier kann nicht das Klima, nicht die Temperatur die Laichzüge in andere Gegenden getrieben haben. Denn vor dem Jahre 1600 war es etwa ebenso warm wie 1400, und seit 1600 bis heute wurde wohl die ganze übliche Temperaturskala durchlaufen; aber nichts konnte die Heringe veranlassen, wiederzukommen. Die ehemals reichen Städte Skanör und Falsterbo sind zu unbedeutenden Fischergemeinden zusammengeschrumpft und sind dies bis auf den heutigen Tag geblieben.

Wie soll man sich auch vorstellen, daß ein Laichschwarm oder ein Einzelfisch sich durch Temperaturdifferenzen von wenigen Graden lenken läßt? Ja, wenn solche Unterschiede beim Vorwärtsschwimmen verspürt werden könnten. Dies ist aber nicht möglich, wenn die Temperatursteigerung von 2—3^0 erst auf eine

Distanz von 1000—2000 km eintritt. Dazu mögen oft genug noch lokale Störungen der Wasserströmungen, einhergehend mit Temperaturstörungen, eine solche Orientierung nach dem Wärmeempfinden bei weiten Strecken unmöglich machen. Möglich also, daß hier andere, wirksame Faktoren eine Änderung erfahren haben, so der Salzgehalt oder die Strömungen oder beides zusammen. Auch an eine Verstärkung der Gezeiten ist zu denken.

Und wer von dem Schwarm ist verantwortlich für die Richtung? Haben solche Riesenschwärme auch einen Führer, so wie man es bei Süßwasserfischen beobachten kann, wo bisweilen ein verwachsener Fisch (Bulgerl) zum Führer auserkoren wird? Und wenn der Führer weggefressen wird? Nein, in solchem gewaltigen Fischbrei ist keiner mehr Führer; jeder ist Geführter, Gedrängter und vor allem Bedrängter, von der Seite, von oben und von unten. Möven, Säger und Seeadler, Robben, Lachse, Kabeljau, Katzenhai und Tümmler, um nur die zu nennen, die am stärksten solche Schwärme dezimieren. Ist bei solcher Flankierung eines Heringszuges von immerzu fressenden Feinden das Richtunghalten nicht sehr erschwert? Und nun nochmal: Wodurch wird der Schwarm geleitet? Wir kommen heute über das Fragezeichen noch nicht hinaus.

Die Laichzüge der Heringe sind noch ebenso wenig geklärt und sicher nicht leichter zu enträtseln als die Wanderzüge der Vögel. Ja, schon das Zusammenfinden in diesen gewaltigen Weiten ist ein Problem, das für das weitsehende Auge der Vögel nicht gilt. Bliebe bei den Heringen alles dem Zufall überlassen, so würden sich eine Unmenge kleiner und kleinster Schwärme bilden, die nur gelegentlich, d. h. zufällig, zu etwas größeren zusammenwachsen.

Daß sich in solchen Schwärmen im wesentlichen Heringe derselben Rasse finden, wird verständlich durch die Feststellung, daß solche Rassen außerhalb der Laichzeit sich in abgegrenzten Gebieten halten. Und wieder kommen Fragen über Fragen. Wie finden sie nach dem Ablaichen in dem doch so homogenen Milieu des Meeres dorthin zurück? Wann löst der Schwarm sich auf? Wenn der Hunger sich meldet? Oder erkennen sie an der Art der Nahrung, an der Zusammensetzung des Planktons, daß sie wieder zu Hause sind? Wie aber werden ihnen dann die

Grenzen dieses Zuhause klar? Beliebig viele Fragen könnten angeschlossen werden. Aber nicht, um zu verwirren, bin ich hierauf eingegangen. Nur eine Aufforderung sollte es sein, den Rätseln, die uns im Herbst bei den abziehenden Vögeln immer wieder beschäftigen, auch Beachtung zu schenken, wenn wir sie nicht mit dem Fernglas beobachten können, weil sie sich im Meere verbergen.

Man hat erkannt, daß es eine Menge Heringsrassen gibt. Wenn man aber aus einem Schwarm einen Fisch herausnimmt, so stellt man fest, daß seine Eigenschaften durchaus nicht präzise für eine bestimmte Rasse sprechen. Er könnte ebensogut der Rasse A, der Rasse B und vielleicht auch noch der Rasse C und D angehören. Untersucht man aber 1000 Fische aus demselben Schwarm, so stellt man fest, daß die Variationskurven, die sich für mehrere Eigenschaften aufstellen lassen, nur für eine der in Betracht gezogenen Rassen gelten.

Biologisch hat man zwei Gruppen zu unterscheiden: Die Hochsee- und die Küstenheringe. Die ersten nähern sich zur Laichzeit wohl der Küste, laichen aber doch immer in größerer Entfernung ab (bis zu 100 km — Herbst- und Winterheringe). Die Küstenheringe haben ihre Laichzeit im Frühjahr und Sommer. Je nördlicher ihr Laichgebiet, um so früher treffen sie ein. Der Küstenhering sucht seichte, nicht über 5 m tiefe Stellen auf.

Mit 4—5 Jahren wird der Hering laichreif und mit etwa 25 Jahren endet sein Leben, wenn er nicht lange vorher schon auf irgendeiner Art zum Leckerbissen für Mensch oder Tier geworden ist.

Die nördlichste Verbreitungsgrenze des Herings liegt bei 67°.

7. Fressen im Süßwasser, geboren im Meer

Nicht schwer zu erraten, daß damit der Aal gemeint ist. Ein besonderes Problem steckt hinter dieser Lebensteilung wohl kaum. Die Verwandten des Aals leben alle im Meer. Warum sollte da nicht bei manchen die Gewohnheit sich herausgebildet und immer mehr verstärkt haben, in die Flußmündungen und weiter von hier auch in den Oberlauf der Flüsse und Bäche vorzudringen und erst zur Laichzeit das altvertraute (alt im Sinne von Erdepochen) Milieu, das Meer, aufzusuchen?

Warum aber laichen unsere Aale nicht einfach an unseren Küsten? Hier liegt in der Tat ein Problem, auf das wir noch eingehen wollen, wenn wir den Laichplatz kennengelernt haben.

Im Süßwasser sind sie herangewachsen. Nach frühestens 6 Jahren, aber meist später, verlassen sie in stürmischen Herbstnächten diese Heimat und wandern abwärts, dem Meere zu. Dabei treten Veränderungen ein; vor allem werden die Augen größer, der Kopf wird spitzer; am Bauch weicht die gelbe Farbe einem hellen Weiß, und der Rücken zeigt einen metallischen Glanz. Der Gelbaal wird zum Blankaal.

Erwartet man, daß das Signal zum Aufbruch zu einer solchen Reise durch gut entwickelte, leistungsfähige Geschlechtsorgane gegeben wird, so sieht man sich enttäuscht. Nicht einmal die Unterscheidung von Ovarien und Hoden gelingt zu dieser Zeit, es sei denn mit dem Mikroskop. Nun, auf dem weiten Weg, den unser Aal bis zur Sargasso-See vor sich hat, wird sich die Reifung schon vollziehen. Schon bei den in die Ostsee abwandernden Aalen, die auf ihrem Zug nach Westen gefangen werden, beginnt die Differenzierung einzutreten.

Ob die Aale aus den Flüssen Norwegens kommen, ob aus denen der Ost- und Nordsee, die französischen und spanischen Aale und die des Mittelmeeres, alle haben sie dasselbe Ziel: Die Sargasso-See. Dort erst ist die Hochzeit und gleich darauf — so nimmt man an — folgt das große Sterben. Die Jungen aber, die aus den Eiern schlüpfen, erscheinen nach 3 Jahren an den Mündungen unserer Flüsse. Dies ist in rohen Umrissen die Liebes- und Lebensgeschichte des Aales; schnell erzählt und doch, welch unendlich mühsame und umsichtige Arbeit des dänischen Forschers JOHANNES SCHMIDT mußte geleistet werden um dieser Erkenntnis willen (Abb. 26).

Jeder, der zum erstenmal erfährt, daß unser Aal in der Sargasso-See ablaicht, wird sein Erstaunen über diese umständliche Reise nicht unterdrücken können. Warum muß ein Platz aufgesucht werden, der bis zu 6000 km von den Flußmündungen entfernt liegt? Bis sie an Ort und Stelle angelangt sind, schwimmen Männchen und Weibchen in völliger Gleichgültigkeit nebeneinander her. Erst in der Sargasso-See wird der Riegel zurückgeschoben. Warum? Man denkt an die Temperatur. Sie laichen bei ziemlich hohen Tiefentemperaturen (7^0). Um diese zu finden, wäre die weite Reise nicht nötig gewesen. Oft sorgen im Tierreich die Alten für die Jungen, auch wenn sie diese nicht mehr erleben. So vermutet man, daß auch hier eine solche Vorsorge gegeben wäre und der Laich in der Sargasso-See abgesetzt werde, weil die Brut hier am reichlichsten Nahrung findet. Genau das Gegenteil aber ist der Fall. Die Sargasso-See hat die größte Sichttiefe aller Meere, d. h. sie hat das klarste Wasser und dieses wiederum bedeutet, daß sie am wenigsten Plankton entwickelt. Auch ist der Grund hierfür leicht zu erkennen. Die riesigen Tangmassen entreißen dem Wasser die Minimumstoffe, so daß ein Plankton sich nicht mehr entwickeln kann.

Und doch können wir den weitwandernden Aalen etwas zugute rechnen: Die Gewohnheit. Um dies zu verstehen, müssen wir den Atlas aufschlagen. Wem wäre es nicht schon aufgefallen, daß der Küstenverlauf im Westen von Europa und Afrika in hohem Maße dem Verlauf der Ostküste Amerikas kongruent ist. Schiebt man diese Kontinente zusammen, so passen sie recht gut ineinander. Pernambuco käme dann etwa in die Nähe von Kamerun zu liegen, Haiti in die Nähe von Dakar, Neu-Fundland und Neu-Schottland würden sich in die Biskaya einfügen, die Ostküste Labradors bekäme mit England Kontakt, und von Norden wird die Lücke durch Grönland, Island und Skandinavien geschlossen. Nur zwischen Mittelamerika und den Antillen und noch östlich derselben hätte in diesem einheitlichen Block ein Meer bestanden.

Paul Wegener hat darauf seine Verschiebungstheorie aufgebaut. Er geht davon aus, daß ursprünglich nur eine einheitliche Kontinentalmasse bestanden habe, in deren Mitte sich ein kleineres Meer befand, das aber mit dem damals viel größeren Stillen Ozean keine Verbindung hatte. Dann ging eine Rißlinie von Norden bis Süden durch und trennte unser heutiges Amerika ab. Dieses driftete im Laufe von Erdepochen nach Westen. Das ursprünglich kleine Meer gewann immer mehr an Ausdehnung und wurde zum Atlantischen Ozean. Haben nun früher die Aale nordöstlich von Haiti abgelaicht, so war dies für sie kein allzu weiter Weg. Es bedeutete dies gleichzeitig ein Laichen in der Nähe unserer heutigen spanischen und nordafrikanischen Küste. Mit dem Abschwimmen Amerikas nach dem Westen aber mußten sich die

Aale entscheiden, welcher Küstennähe sie treu bleiben wollten. Und sie zogen die Nähe Amerikas vor. Warum? Hier hat unsere Erklärung ein Ende, auch wenn wir die WEGENERsche Theorie annehmen. Die amerikanische Aalrasse dagegen blieb ihren Ufern verhaftet. Die europäische Rasse wanderte dem davonschwimmenden Kontinent nach. So kommt es, daß auch heute noch die Laichgebiete beider sich im westlichen Teil überdecken (Abb. 26).

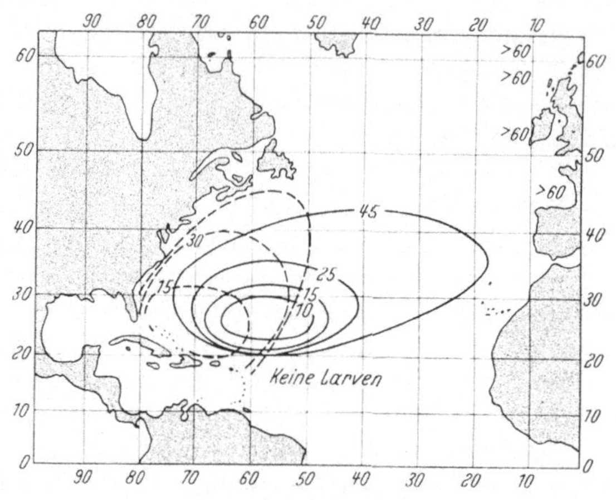

Abb. 26. Verbreitung der Aallarven im Atlantik. Die Ziffern geben die Länge der Larven in mm an, die innerhalb des durch die Linie begrenzten Gebietes gefunden werden. ——— der europäische, - - - - - - der amerikanische Flußaal. (Nach SCHMIDT)

So würde es auch verständlich werden, warum der Aal diese ungeheure Strecke zu einem Rendezvous zurücklegt, ein Platz, zu dem die Geschlechter gemeinsam wandern: Zielbahnhof Sargasso-See.

Warum war es so eminent schwierig, die Laichplätze der Aale zu finden? Man sollte doch denken, daß bei solch ungeheurem Massenlaichen die Jungen in solcher Zahl entstehen, daß sie relativ leicht zu entdecken gewesen wären. Diese Überlegung wäre wohl richtig, wenn die Jungen nur einigermaßen den Alten ähnlich wären. Der Aal ist rund, die Jungen sind blattdünn, am besten mit einem Olivenblatt zu vergleichen. Außerdem sind sie völlig durchsichtig, auch das Blut ist farblos, nur die Augen sind als kleine Pigmentkugeln zu sehen. Man wußte die ersten aufgefundenen Larven, denen man den Namen Leptocephalus gab, nirgends einzureihen. Als man schließlich die Möglichkeit erörterte, ob es sich hier um Aallarven handeln könne, dachte man an irgendwie krankhaft veränderte Tiere (Abb. 27).

Diese Larven schwimmen nun, wesentlich durch den Golfstrom unterstützt, nach Osten, wo sie nach 3 Jahren an den Mündungen der europäischen Flüsse in kaum vorstellbaren Mengen erscheinen. Nun haben sie aber bereits die Form eines Aales angenommen, sind drehrund, etwa so dick wie eine Stricknadel, dabei aber noch völlig durchsichtig. Jetzt steigen diese „Glasaale" in geschlossenen Zügen, immer dem Ufer in allen Windungen folgend, flußaufwärts. Tagelang, ohne Unterbrechung, ziehen sie so dicht, daß man kein Wasser schöpfen kann, ohne den ganzen Behälter gefüllt zu haben von Glasaalen. Zugleich tritt ein Dunklerwerden ein, es bildet sich Pigment, das Blut wird rot, und der Glasaal wird zum „Grauaal". Je weiter sie zu wandern haben, um die Flußmündungen zu erreichen, um so grauer kommen sie dort bereits an.

Im Süßwasser gibt der Aal uns auch noch eine Reihe wichtiger Probleme auf, vor allem hinsichtlich der Geschlechtsbestimmung. Wir wollen uns aber getreu dem Titel des Büchleins wieder ins Salzwasser zurückziehen. Hier aber gibt es noch manches zu fragen.

Wie finden die Larven nach Europa zurück? Vielleicht schwimmen sie gar nicht so zielbewußt darauflos, sondern lassen sich vom Golfstrom treiben? Dann aber würden die meisten erst nach Nordwest, dann nach Nord, dann am Südrand des Golfstroms nach Ost und schließlich, bevor Spanien erreicht ist, wieder nach Süd und Südwest driften. Und warum würden dann die Aale der amerikanischen Rasse, die zum größten Teil in gleichen Regionen ausschlüpfen, nicht auch denselben Weg machen?

Mit solcher Annahme ist also das Rätsel nicht zu lösen. Die Larven wandern aktiv, wiewohl zum Teil vom Golfstrom gefördert. Die Richtung muß ihnen also mitgegeben, angeboren sein. Wenn nun die Larven an der europäischen Küste angelangt sind, verteilen sie sich dann in die verschiedenen Flüsse, wie es gerade der Zufall mit sich bringt, oder geht die Nachkommenschaft der Arno-Aale wieder in den Arno, die der Elbe-Aale in die Elbe und die der Ostsee-Aale wieder in die Ostsee? Manche Autoren neigen zu dieser Ansicht. Dann aber müssen wir voraussetzen, daß die Laichgebiete der Arno-Aale, die der Elbe-Aale usw. voneinander getrennt sind. Ist das nicht der Fall, so daß am selben Platz Aale aus den verschiedensten Flüssen sich befinden, und daß z. B. eine Italienerin einen Engländer besonders anziehend findet, dann wissen deren Jungen nicht, welcher Erbmasse sie nun folgen müssen und fallen schließlich einer vollkommenen geographischen Desorientierung anheim.

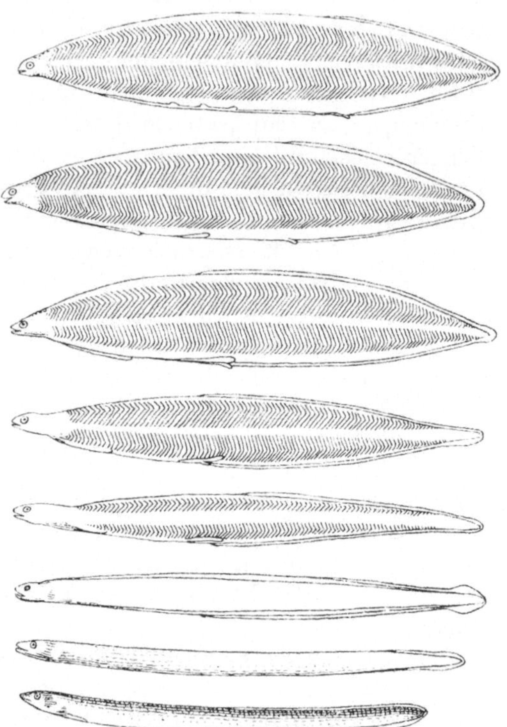

Abb. 27. Acht Stadien der Verwandlung der Larve in den Glasaal. (Nach SCHMIDT)

Wie es wirklich ist, wir wissen es nicht. Und es besteht wenig Hoffnung, daß wir es einstens wissen werden, weil diese Welt in der Tiefe der Sargasso-See der Beobachtung und dem Experiment nicht zugänglich ist.

Ein Verwandter unseres Aales, der Seeaal, bleibt immer im Meer. Er wird bis zu 3 m lang und gilt als besonders gefräßig. Eine kleine Ehrenrettung wollen wir aber doch hinzufügen. Wann gilt ein Fisch als besonders gierig? Wenn er es sich bequem macht und dem Fischer die Fische aus dem Netze holt, statt ihnen nachzujagen. Solche Respektlosigkeit ist allerdings empörend und nur ein ganz gefräßiger Fisch kann auf solche lasterhaften Ideen kommen.

Es wäre unverzeihlich, wenn wir hier nicht auch die Muräne erwähnen wollten (Muraena helena), und es wäre geradezu unfaßlich, wenn dabei nicht das wiederholt würde, was jeder schon in der Schule gelernt hat, daß die Römer ihre in Zuchten gehaltenen Muränen mit lebenden Sklaven gefüttert haben. Se non è vero??? Ob man in dieser Mär wirklich eine gute Erfindung sehen darf? Wahr ist, daß diese zugleich farbenschönen und doch abstoßend aussehenden Fische ein vorzügliches Fleisch haben und deshalb von den Römern bei Ostia in Bassins gehalten wurden. Womit nicht abgestritten werden soll, daß ein Rohling einen Sklaven, über dessen Leben er ja verfügen durfte, den Muränen hat vorwerfen lassen und hinterher seinen Gästen gegenüber diesen Fisch als besonders delikat erklärte.

Ihr Biß ist giftig und diese Giftigkeit finden wir auch bei unserem Aal wieder, in dessen Serum sich ein Ichthyotoxin befindet, das Lähmungserscheinungen hervorruft, das jedoch beim Kochen und auch beim Räuchern zerstört wird.

8. Geboren im Quellbach, großgeworden im Meer

Dies gilt für unseren Lachs (Salmo salar) und seine nächsten Verwandten. Kann man sich wohl ein Bild davon machen, warum diese größte Forellenart zum Fressen ins Meer geht und dann zum Laichen jeweils wieder — auch wenn sie mehr als einmal ablaichen — den mühevollen Aufstieg bis in die Nähe der Quellflüsse unternimmt? Man könnte sagen, ein so großer Fisch und noch dazu ein Raubfisch könnte in den Flüssen, selbst im Mündungsgebiet, nicht satt werden. Ebenso richtig ist es zu sagen: ginge er nicht ins Meer, wo er den Heringszügen folgen kann, so würde er wohl nicht verhungert, wohl aber klein geblieben sein. Wandern doch all unsere Forellenarten, die in Quellbächen ablaichen, wenn sie heranwachsen, abwärts, die einen in den Bach und Fluß, die anderen in die Süßwasserseen (Seeforelle) und schließlich der Lachs mit seiner starken Wachstumstendenz ins Meer. Alle aber sind beim Ablaichen an niedere Temperaturen gebunden, die ihnen entweder die Nähe der Quelle bietet oder das Schmelzwasser der Gletscher.

Durchschnittlich erreicht der Lachs vom März bis September das doppelte Gewicht. Eine Rekordleistung zeigte ein markierter Lachs, der vom 22. 2. 1902 bis zum 26. 3. 1902, also in einem Monat von 19 Pfund auf 33 herangewachsen war (Abb. 28).

Daß die ins Meer gelangenden Lachse — und es gilt dies für die verschiedenartigsten Rassen — in weiteren Bereichen der Flußmündungen leben (300 km und mehr), ist anzunehmen. Außerhalb des Schelfgebietes werden seltener Lachse angetroffen[1]. Doch gibt es Ausnahmen: ein in Oslo markierter Lachs wurde im Weißen Meer wiedergefangen.

Der Rheinlachs steigt zum Laichen immer wieder in den Rhein und der Elblachs in die Elbe auf. So konnten sich sehr klar voneinander zu unterscheidende biologische Rassen entwickeln.

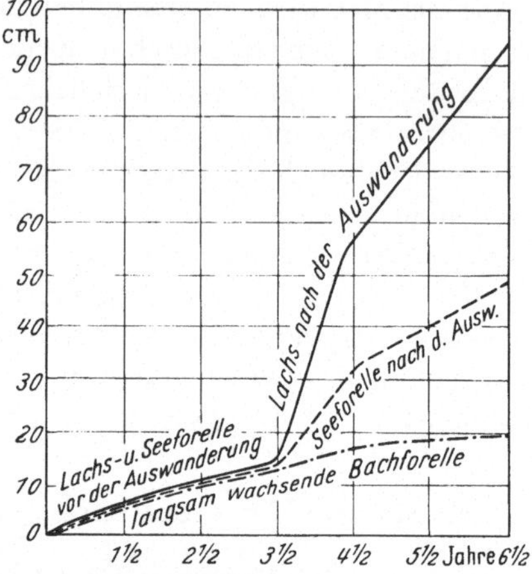

Abb. 28. Wachstumskurven für Lachs (Salmo salar), Seeforelle (S. trutta), und Bachforelle (S. fario) (aus HESSE-DOFLEIN)

Wenn wir auch, getreu dem Titel des Buches, immer dem Süßwasser ausgewichen sind, um den Stoff nicht allzusehr anschwellen zu lassen, der Vergleich mit dem Aal fordert doch heraus, auch hier die Frage zu stellen: Geht der Lachs zum Ablaichen wieder in denselben Nebenfluß und an denselben Ort, an dem er seine ein-, aber auch zwei- und dreijährige Jugendzeit verbracht hat? Und wir erliegen hier der Verführung, diesem Süßwasserproblem kurz nachzugehen, um so leichter, als amerikanische Untersuchungen hier völlige Klarheit geschaffen haben. Für Amerika handelte es sich hier um ein Problem von hoher praktischer Bedeutung.

Ein Fluß wird mit einer sehr hohen Staumauer abgeschlossen. Eine Lachsfischtreppe kostet, da sie sehr groß dimensioniert sein

[1] Die Markierungsversuche wurden durch den Krieg unterbrochen, so daß man auf Angaben bis zum Jahr 34 angewiesen ist.

muß, nicht nur viel Geld, sie verlangt auch viel Wasser, das der Turbine verloren geht. Was aber geschieht dann mit den Lachsen, die zum Laichen aufsteigen wollen? Sie sammeln sich unterhalb der Staumauer und sind durch nichts zu bewegen, in einen Nebenfluß einzubiegen. Hier, an dem jetzt abgeriegelten Strom, sind sie als Junglachse heruntergekommen, hier wollen — nein, hier müssen sie wieder hinauf.

Und der Biologe frägt sich: Ist ihnen dieser Zwang angeboren oder ist es lediglich die Erinnerung, hier oben die Jugendzeit verbracht zu haben, die den aufsteigenden Lachs so starrköpfig macht?

Das Experiment sollte Aufschluß geben. Man fing unterhalb des Staues eine große Zahl Lachse heraus, streifte den Laich ab, zog die Brut auf und setzte sie dann in den oberen Teil eines Nebenflusses aus. Sie wuchsen heran, wanderten, als ihre Zeit gekommen war, ins Meer und kehrten als laichreife Lachse wieder zurück; diesmal aber strebten sie diesem Nebenfluß, also ihrer Jugendheimat, mit gleicher Beharrlichkeit zu, wie ihre Eltern dem Hauptfluß zwingend verbunden waren.

Entscheidend ist also das Gedächtnis, die Erinnerung an die Erfahrungen der Jugendzeit. Es kann kein Zweifel sein, daß diese Erfahrung sich auf den Chemismus des Wassers bezieht.

Wenn schon geringste Differenzen, die den Chemismus des Hauptstroms von dem des Nebenflusses unterscheiden, vom Fisch bemerkt werden und ihn einladen oder abstoßen, wann wird es so weit sein, daß die chemischen Zutaten, die die Flüsse durch die Industrie erfahren, den Fisch verhindern, in den Fluß aufzusteigen? Es ist aber zu bedenken: Der Jungfisch war schon gewöhnt worden an Versalzung, Verölung, an Phenole und andere Gifte. So lange er nicht darüber zugrunde geht, werden alle diese Beimengungen vom Fisch als natürliche Kennzeichen seiner Heimat gewertet. Er kennt nichts anderes als ein verdorbenes Süßwasser. Die Welt ist für ihn nun mal so: Auch der Fisch ist zivilisiert. Allerdings: in den Main steigt kein Lachs mehr auf. Hier legen die Abwässer von Offenbach, Frankfurt, Höchst, Kostheim u. a. einen Sperriegel vor.

9. Der Thun und der Mensch

Noch eine dritte Hochzeitsgesellschaft wollen wir in Kürze verfolgen, nicht so sehr, weil diese Fische hierbei besonders interessantes Benehmen zeigen, als vielmehr deshalb, weil der Mensch, der ihnen nachstellt, uns vor Augen führt, wie leicht über die Masse, wenn sie in Spannung ist und wenn sie sich gegenseitig aufputscht, ein widerlicher Blutrausch kommen kann. Eine plötzlich entfachte Mordlust führt uns das Schauspiel vor Augen, wie harmlose, überlistete Tiere auf ihrem Hochzeitszug von Menschen bestialisch massakriert werden, Tiere — es geht um den Thunfisch — die nichts getan haben, die nur dafür zu büßen haben, daß sie groß sind (5—6 Zentner) und vorzügliches Fleisch haben, und daß sie sich gegen die Horde Mensch verzweifelt wehren. Schließlich mag noch dazukommen, daß sie nicht in jedem Jahr genau da, wo sie der Mensch erwartet und wo er in dieser Erwartung bereits Fabriken in Gang gesetzt hat, erscheinen, und so die Gemüter in fiebernde Erwartung versetzen, ob die Saison den Erwartungen entsprechen wird oder nicht.

Früher waren die reichsten Fangplätze der laichreifen Thunfische im Bosporus und bei Gibraltar. Außerdem wurde die spanische Ostküste bevorzugt. Nach einem Erdbeben am 1. November 1755, von dem auch Lissabon vernichtet wurde, änderte sich die Laichgewohnheit und jetzt wurde die italienische, sardinische und sizilianische Küste stärker bevorzugt.

Ende April bis Anfang Juni ist Fangzeit. Alles ist vorbereitet, die Fabriken, in denen der Thun in Büchsen verpackt werden soll, sind bereit, von Tag zu Tag gerät die Ortschaft immer mehr in ein geradezu krankhaftes Vibrieren. Netze von mehr als 1 km Länge — die Tonnaren, von Tonno, der Thunfisch — sind so aufgestellt, daß der gewaltige Laichschwarm, der dem Ufer zuströmt, in einen verschließbaren Raum, die Vorkammer, geleitet wird. An diese schließt sich die Totenkammer an. Alle Mannschaft ist auf dem Posten, wenn das Herannahen eines Schwarmes gemeldet wird. Der Oberkommandierende, dem blindlings Gehorsam geleistet wird, der Reis, gibt mit einer weißen Fahne das Zeichen, wenn die Fische in die Todeskammer gelangt sind, der Turmwächter bläst Alarm und jetzt wird das Netz geschlossen. Dies bedeutet zugleich für alle, für die Beteiligten wie für die Zuschauer am Land, die Auslösung eines erschreckend irrsinnigen, orgienhaften, gar nicht mehr menschlichen Gebrülls. Unterdessen geht das Netz langsam hoch. Erst versuchen die verängstigten, zusammengedrängten Fische, in die Tiefe zu gehen. Je höher das Netz kommt, um so unruhiger wird die Wasseroberfläche, die schließlich immer mehr zu kochen scheint, bis die Masse der gewaltigen, verzweifelt um sich schlagenden Fischleiber das Meer peitscht und die Fische sich hierbei gegenseitig betäuben und z. T. sogar totschlagen. Jetzt erst wird man gewahr, daß das ohrenbetäubende Gebrüll der Menschen noch einer weiteren Steigerung fähig war. Bereit zu einem blutigen Amoklauf, stürzen sich nun die Schlächter mit Keulen und Eisenhacken auf ihre Opfer. In widerlicher Hysterie schlagen und stechen sie sinnlos auf die wehrlosen Tiere ein, gleichgültig, wo sie den Körper treffen; gezielt wird allerdings mit den spitzen Eisen vor allem auf die Augen, auf die Kiemen und in den Rachen. Man will nicht totschlagen, man will massakrieren. Meist sind die Tiere schon total ermattet oder betäubt, wenn sie mit diesen Hacken zum Verarbeiten weggeschleift werden. Das Meer färbt sich blutrot. Dies steigert noch die Mordlust dieser Schlächter — die wenige Stunden später sich wieder in die biedersten, rechtschaffensten Menschen zurückverwandelt haben mögen.

Abb. 29. Thunfischfang an der Küste Neu-Schottland (aus: Das Reich der Tiere)

So ging es früher überall zu. Heutzutage herrscht an vielen Stellen eine dem Geschäft angepaßte Sachlichkeit. Die erbitterten

Leidenschaften der Zuschauer werden gebändigt und genormt dadurch, daß der ganze Chor Lieder singt oder brüllt, meist Lieder alt-arabischen Ursprungs. Freilich, der Fisch muß getötet werden. Es kommt aber auf die Begleitmusik an. „bestia“ gegen „bestia“.

Bald hat sich der prachtvolle Fisch in Stapel von Büchsen verwandelt mit der Aufschrift „Thun in Öl“.

Versuchen wir zu vergessen, wenn wir diese Delikatesse genießen, daß man nur an der Oberfläche des homo sapiens etwas zu kratzen braucht, und schon findet man den homo bestialis darunter brodeln.

Nun aber zur Erholung noch einige nüchterne Daten. Der Thunfisch gehört zu den Makrelen, alles entzückend schöne Fische, besonders die kleineren, deren Schwärmen der Thun folgt, da ihm die Verwandten anscheinend besonders munden. Im Atlantischen Ozean leben kleinere Arten des Thuns. Am bekanntesten ist der Bonito (Th. alalonga). Aber auch der große, unser Thymus thymus, kommt im Atlantischen Ozean vor und schiebt sich in den letzten Dezennien mit der stärkeren Erwärmung des Golfstromes immer mehr nach Norden. Dabei folgt er den Makrelenschwärmen, die noch vor kurzem den Grönländern unbekannt waren. Unsere Heringslogger ziehen heute während der Aus- und Rückfahrt immer eine beköderte Schleppleine mit sich und kehren meist mit Thunfischen in den Hafen zurück. Die Fangzeit des Thun fällt bei uns in den August bis Ende Oktober. In dieser Zeit kann man in Hamburg und Bremen immer erbeutete Thune sehen (Abb. 29). Etwa 9000 t im Jahr Anlandung in der Bundesrepublik.

10. Wenn Zwei dasselbe tun . . .

Beide sind ausgesprochene Bodenbewohner, beide haben sich durch dieses ständige Am-Boden-Liegen im Verlaufe von Erdepochen so abgeflacht, daß sich ihr Körper gar nicht mehr vom Boden abhebt und daher nicht leicht gesehen wird. Dazu kommt dann noch die Schutzfärbung. Und doch, die einen, die Rochen, liegen auf dem Bauch, und die anderen, die Plattfische, liegen auf der Seite, meist auf der linken. Daß sich ein Bodenfisch auf den Bauch legt, ist nicht erstaunlich. Wie aber kamen die Plattfische dazu, sich auf die Seite zu legen? Vermutlich waren sie erst platt, so platt und zusammengedrückt wie ein Brachsen, und hatten dann erst das Bedürfnis empfunden, flach am Boden zu liegen. In diesem Fall war für sie der nächste Weg zum flachen Bodenfisch der, sich auf die Seite zu legen, auch wenn die Tiere nicht ahnen konnten, daß die gütige Natur mit der Zeit das dem Sand zugekehrte Auge auf die andere Seite wandern lassen würde, so daß sie nun mit beiden Augen sehen konnten. Und die Nasengrube ist mitgewandert. Schwimmt der Plattfisch, so bleibt er in dieser horizontalen Lage und führt mit dem ganzen Körper wellenförmige Schwimmbewegungen aus, die von den Flossen unterstützt werden. Und zwar sind es die stark verlängerten, unpaaren Flossen, die Rückenflosse und die Afterflosse, die die Konturen des Fisches stark verbreitern. Nur bei sehr eiligem Schwimmen tritt die Schwanzflosse allein in Tätigkeit. Und diese Umbildung vom bilateral symmetrischen, normal schwimmenden Fisch zu diesem völlig asymmetrischen Gebilde, das auf der einen Seite flach und nahezu unpigmentiert ist, auf der anderen Seite beide Augen und Nasengruben trägt, bei dem das Maul meist etwas grotesk verzogen und die Schwimmblase rückgebildet ist, diese gewaltigen Änderungen, die sich im Verlaufe von Erdepochen vollzogen haben, wiederholt nun das Jungfischchen im Aquarium vor unseren Augen. Die ausschlüpfende Brut verrät durch nichts, daß aus ihr eine Scholle oder eine Flunder wird. Die Fischchen zeigen ganz normales Verhalten, schwimmen in aufrechter Lage, besitzen eine Schwimmblase und zeigen zunächst keine Neigung, sich am Boden niederzulassen.

Sie wandern von den Laichplätzen, die sich in größerer Tiefe befinden, der Küste entgegen. Hier erst setzt die seltsame Verwandlung ein, wobei Änderung der Körperform Hand in Hand geht mit immer stärkerer und häufigerer Äußerung des Dranges, sich seitlich auf den Boden zu legen. Ist die Verwandlung fertig, so schwimmen sie langsam im Verlauf von Jahren wieder in die Geburtsheimat zurück.

Besonders seltsam ist das Wandern des Auges über die Stirne nach der anderen Seite. Mit der Verschiebung ist es ja keineswegs getan. Die beiden Augennerven kreuzen sich und bilden das Chiasma opticum. Dieses, sowie die ganzen Nerven, liegen wohlgeschützt in einer Knorpel- später Knochenkapsel. Durch das Mitsichziehen des Opticus bringt also das wandernde Auge die ganze Schädelkapsel in Bewegung. Letzten Endes ist es so, daß die vordere Schädelhälfte gegen den übrigen Teil gedreht wird. Die vorher durchsichtige Larve wird pigmentiert und verliert ihre Schwimmblase. Nicht bei allen Plattfischen ist bereits der

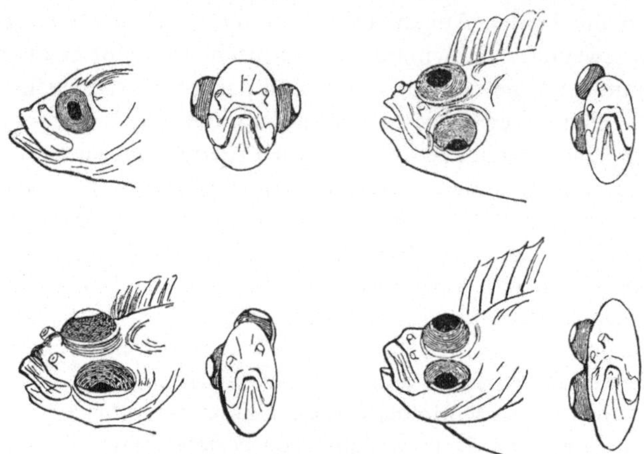

Abb. 30. Augenwanderung bei der Scholle. 4 Stadien. Jeweils ist der Kopf von der linken Seite und von vorne gezeichnet. (Nach LEUNIS)

ideale Endzustand erreicht. Bei manchen bleibt das Auge gerade bei Erreichung der Mittellinie auf der Stirne stehen (Abb. 30).

Die meisten Plattfische sind links liegend, also „rechtsäugig". Einige sind „linksäugig", liegen also rechts. Erstaunlich ist, daß es auch Arten gibt, bei denen Ausnahmen ab und zu auftreten, bei denen also der komplizierte Prozeß der Umwandlung nach beiden Richtungen hin erfolgen kann, wobei es vielleicht bei derartigen labilen Individuen dem Zufall überlassen bleibt, welche Richtung eingeschlagen wird bzw. ob Neigung zum Rechts- oder zum Linksliegen zuerst auftritt.

Während das Wandern des Auges erblich fixiert ist, gilt dies nicht auch für die Pigmentarmut der Unterseite. Beleuchtet man Plattfische im Aquarium von unten, so entwickeln sie auch hier eine stärkere Pigmentierung.

Die Plattfische haben ihren Feinden, ebenso auch ihrer Beute gegenüber den Vorteil, sich unsichtbar machen zu können. Steht man vor einem Aquarium, in dem laut Beschriftung Schollen, Flundern oder irgendwelche anderen Plattfische untergebracht sind, so wird der Unkundige lange vergeblich nach den Fischen suchen. Wird dann mit einem Stock der Sand aufgerührt, so sieht er mit Erstaunen plötzlich eine größere Anzahl stattlicher Fische umherschwimmen, die aber ebenso schnell wieder verschwunden sein können. Sie lassen sich wieder auf dem Sand nieder, machen mit dem Körper, vor allem mit den den Körper säumenden Flossen (Rücken-, After- und Schwanzflosse) einige wellenartige Bewegungen, wodurch Sand aufgewirbelt wird, der beim Niedersinken die Ränder des Körpers bedeckt; und der Fisch ist damit dem Auge entzogen. Denn die Färbung der Oberseite entspricht immer der Farbe des Sandes. Ob der Sand dunkel oder hell, gelblich oder rötlich ist, immer gleicht der Fisch sich dem Milieu an. Aber nicht nur dies. Bei feinkörnigem Sand zeigt er ein entsprechendes Muster; anders bei grobem Korn. Auf kariertem Untergrund versucht die Haut, selbst dieses ungewohnte Muster nachzuahmen. Ist es wirklich die Haut, die sich selber anpaßt? Ausgelöst wird die Reaktion von den Augen. Die Haut ist Vollzugsorgan. Allerdings wird die Haut anscheinend etwas alteriert und in ihren normalen Funktionen gestört, wenn der Fisch auf ganz glatter Unterlage (Glasplatte) liegt.

Die Plattfische finden sich in kalten, aber noch artenreicher in warmen Meeren. Der größte unter ihnen, der Heilbutt, auch Riesenscholle genannt, bevorzugt die kalten Meere. Er wird bis zu einem Zentner schwer und darüber.

Zum Laichen suchen die Plattfische (besonders die Schollen) salzreiches Wasser auf. Die Zahl der Eier kann bei einer großen Scholle eine halbe Million erreichen. Eine Paarung findet nicht statt. Eier und Milch werden zu gleicher Zeit entlassen, obwohl auch keinerlei Liebesspiele zu beobachten sind. Wenn die Laichzeit naht, wird das Fressen eingestellt. Dies findet man bei vielen Fischen. Ganz extrem beim Lachs und den Lachsartigen. Werden Forellen in einer Zuchtanstalt in dieser Zeit gefüttert, so nehmen die Fische das Futter zwar auf, aber der Laich taugt nichts. Das Heranwachsen der Eier muß auf Kosten abgebauten körpereigenen Eiweißes (Muskeleiweiß) gehen. Bei Fütterung jedoch wird das Darm-Eiweiß direkt für die Geschlechtsprodukte verwendet. Dies scheint sich irgendwie schädlich auszuwirken.

Wenn man von Überfischung der Meere spricht und sie befürchtet, so hat man meist nur die Plattfische (vor allem die Schollen im engeren Sinn) im Auge. Hier konnte man auch in der Tat sowohl in der Ost- wie auch in der Nordsee einen bedenklichen Rückgang vor dem Krieg feststellen. Eigentlich kam dies unerwartet. Diese Fische sind ausgezeichnet geschützt durch Form und Farbe gegenüber ihren Räubern und produzieren außerdem große Mengen Eier. Die Anlandungen in Speisefischen ist auch nicht so groß, daß man von Überfischung sprechen kann. Wodurch kann dann ein Rückgang bedingt sein? Nur durch die Vernichtung der noch nicht speisefähigen Jungfische durch die Fischerei.

In den Jahren, in denen die Jungfische von der Küste wieder in größere Tiefen zurückwandern, werden sie gewaltig dezimiert durch die Schleppnetzfänge (= Trawl). Die Aufstellung von Schonmassen nützt hier nichts. Die noch zarten Jungfische kommen, wenn sie stundenlang im vollen Schleppnetz mitgezogen werden, tot oder nicht mehr erholungsfähig an die Oberfläche, so daß ein Zurücksetzen ins Meer sinnlos wäre. Sie können nur noch den Fischmehlfabriken zugeführt werden.

Ob dies der einzige Grund ist? Eine sehr gewagte Hypothese soll hier nicht unterschlagen werden. Sie klingt etwas dramatisch. Die Zeit der Plattfische sei vorbei. Diese wohlschmeckenden Fische gehen der Plattfischdämmerung entgegen und ein neues Geschlecht wird regieren, das des Kabeljau. So wie die Saurier weichen mußten und die Herrschaft den Säugetieren abtraten.

Ob der Plattfisch geht und der Kabeljau kommt, läßt sich aber — darüber muß man sich klar sein — nicht aus Fangergebnissen einiger Jahre erschließen. Die Fangmethoden und die Fangintensität und ebenso die meteorologischen Bedingungen wechseln. Überdies ist ein Vergleich mit den Vorgängen in der Kreidezeit unmöglich, weil es sich hier um relativ kurzfristige Beobachtungen, dort um die Auswirkung innerhalb geologischer Epochen handelt.

Bevor wir zu den Riesen des Meeres kommen, wollen wir doch noch auf einen anderen Riesen, auf den Riesenhai hinweisen.

Dieses bis zu 12 m lange Ungeheuer ernährt sich wie die Bartenwale von Kleinzeug, von Plankton. Er hat einen Reusenapparat entwickelt, der von seinen Zähnen gebildet wird und ihm das Absieben dieser kleinen Organismen gestattet. Mit offenem Maul furcht er an der Oberfläche des Meeres mit 2 Knoten Stundengeschwindigkeit dahin. Dabei passieren 2000 t Wasser in der Stunde sein Maul. Die Jungtiere besitzen diesen Reusenapparat noch nicht.

Bei sehr vielen Haiartigen findet eine innere Befruchtung statt. In diesem Falle entwickelt sich der Embryo in den Eileitern, die eine konzentrierte Nährlösung absondern. Diese Nahrung wird vom Embryo getrunken. Beim Menschenhai kommt es zu einem innigen Kontakt zwischen dem Dottersack des Embryos und der Eileiterwandung, so daß ein Gebilde entsteht, dessen Funktion dem des Mutterkuchens der Säugetiere entspricht. Anatomisch hat jedoch die Säugetierplacenta nichts mit der Dottersackplacenta des Menschenhai zu tun.

Werden die befruchteten Hai-Eier gleich abgelegt, so erhalten sie meist, jedes einzelne für sich, eine hornartige Kapsel, die an oft recht zierlichen Fäden, die an die Ranken wilder Reben erinnern, im Tang aufgehängt sind. Die Kapseln sind so durchsichtig, daß man den Embryo beobachten kann.

11. Der Größte frißt den Kleinsten

Warum? Weil er nicht hungern will, d. h. weil nur die kleinen Formen in solchen Massen vorhanden sind, daß er satt werden kann. Nehmen wir an, ein Blauwal hätte auf Grund einer unglücklichen Mutation seiner Erbmasse nur noch Appetit auf Fische. Dann könnte er sich während der Laichzeit der Heringe, vorausgesetzt, daß er einen Laichschwarm findet, vorzüglich mästen. Aber diese kurze Mastkur könnte ihm nicht helfen, wenn er dann wieder Monate fasten muß und nur da und dort Einzelfische erbeutet. Der Mageninhalt eines großen Wals wiegt oft mehr als 20 Zentner, trotz relativ schneller Verdauung. Im Bouvetgebiet findet man im Dezember 8%, im Kerguelengebiet dagegen 90% der Mägen leer. Der Jungwal legt im Monat etwa 1 m an Länge zu. Dies besagt: Der Wal darf nicht allzulang hungern; es muß immer nachgefüllt werden; er kann also nicht von einer Beute leben, die er gelegentlich da und dort findet, der er einzeln nachjagen muß. Er kann sein Leben nur erhalten, wenn er in einem gleichmäßig verteilten Nahrungsbrei lebt, den er ständig absiebt. Nur so vollbringt er das Wunder, als zweijähriger mit 23 m Länge bereits mit einem Gewicht von 75—90 t aufwarten zu können (Abb. 31).

Abb. 31. Überragende Größe von Wassersäugetieren: Blauwal (bis 30 m) (nach KRUMBIEGEL Bd. I)

Die Größten fressen die Kleinsten — und dafür brauchen sie das größte Maul. Das Skelett eines Bartenwals läßt erkennen, daß seine Mundhöhle nicht nur gewaltig hoch ist, sondern auch, daß sie $^1/_3$, beim Grönlandwal mehr als $^1/_4$ der Gesamtlänge des Tieres einnimmt. Imponieren doch am Kopfskelett der Bartenwale vor allem Unter- und Oberkiefer (Abb. 32). Und das Gehirn? Es sitzt weit hinten und ist im Verhältnis zu dem bis zu 8 m langen Kopf winzig klein. Winzig klein, und doch ist es absolut das größte aller Säugetiergehirne, einschließlich dem des Menschen. Es ist mit seinen 7000 g auch erheblich größer als das des Elefanten. Der Elefant mit seiner ungeheuren Denkerstirn erweist sich bei näherer Untersuchung als ein großer Angeber. Hinter diesem Denkgewölbe ist es im wesentlichen hohl. Aber immerhin hat er mit rund 5000 g Hirnsubstanz ein Mehrfaches der menschlichen Gehirnsubstanz. Der Weiße erreicht im männlichen Geschlecht im Durchschnitt 1360—1374 g; die Frauen müssen mit etwas weniger haushalten. Der Chinese hat etwas mehr, der Schwarze weniger von dieser seltsamen Substanz.

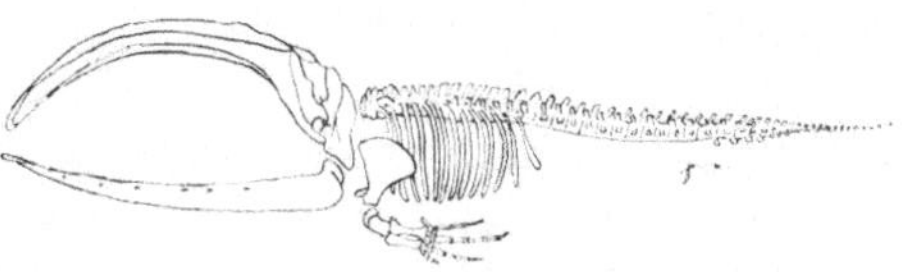

Abb. 32. Skelett von Balaena mysticetus (nach CLAUS-GROBBEN)

Besteht Veranlassung, die Frauen ob ihrer begrenzteren Ausstattung zu bedauern? Dann müßten wir vor allem bedauern, daß wir Menschen so weit hinter Elefant und Walfisch zurückstehen. Es kommt jedoch nicht auf das Gewicht allein an, sondern darauf, welche lebendige Masse von diesem Gehirn beherrscht werden muß. Das bedeutet, daß das relative Gehirngewicht entscheidender ist; wir müssen also fragen, wieviel Gehirn trifft auf die Einheit Körpergewicht, also z. B. auf 1 kg. Die Antwort darauf läßt den Menschen, und unter den Menschen die Frauen in sehr viel günstigerem Licht erscheinen. Jetzt steht der Mensch weit über dem Wal und auch über dem Elefanten.

Sein Triumph erfährt aber eine kleine Dämpfung. Denn auch so führt er die Tabelle noch nicht an, und er muß sich beugen vor einigen Affen Südamerikas (Midas, Ateles). Gut, daß diese es nicht wissen. Sie würden dafür sorgen, daß es sich im brasilianischen Urwald schnell herumspricht bzw. herumbrüllt.

Wir haben mit den größten, mit den Bartenwalen begonnen, und wollen zunächst dabei bleiben. Die Tiere nehmen das Riesenmaul voll Wasser und sieben dann das brauchbare Kleinzeug ab. Dieses besteht zumeist aus kleinen Flügelschnecken (1—2 cm lang), die sowohl in der Arktis wie in der Antarktis häufig sind, und aus Krebschen, vor allem aus Euphausiden (bis zu 65 mm lang) und Calamus (Abb. 33). Das Absieben dieses „Krills" geschieht dadurch, daß das Maul, wenn es beginnt sich wieder zu schließen, nach außen abgeschlossen wird von einem dichten Vorhang von bis zu 400 Barten (Fischbein), die gegen ihr Ende hin immer stärker auffransen. Wölbt sich nun die riesige zentnerschwere Zunge langsam nach oben, so preßt sie das Wasser zwischen den Barten durch, die Tiere aber bleiben zurück und werden abgeschluckt.

Die Nasenöffnungen sind nach oben gerückt. Wird die in der Lunge erwärmte Luft ausgeatmet, und zwar mit laut blasendem Geräusch ausgepreßt, dann verdichtet sich der Wasserdampf in der kalten Umgebung, und es macht nun den Eindruck, wie wenn eine Wasserfontaine ausgeblasen würde. Aber auch im Sommer, sofern es nicht besonders warm ist, entsteht ein bis zu 15 m hoher Springbrunnen. Denn wenn die unter Druck ausgestoßene Luft plötzlich entspannt wird, entsteht eine Abkühlung und damit eine Kondensation. Oft verrät sich der Wal schon aus großer Entfernung durch diese periodisch auftretenden Springbrunnen. Die Atemzüge erfolgen bei den größeren Formen alle 10—20 Minuten. Harpunierte Pottwale können $1^1/_2$ Stunden unter Wasser aushalten.

Kommt ein Wal nach meist 10—20 Minuten wieder an die Oberfläche, so ist seine Atemluft stark ausgenutzt. Er läßt daher dem kräftigen Ausblasen derselben noch eine Reihe kurzer Atemzüge folgen, die die Lungen zu ventilieren und möglichst weitgehend die verbrauchte Luft zu entfernen haben, bevor wieder ein tiefes Einatmen erfolgt.

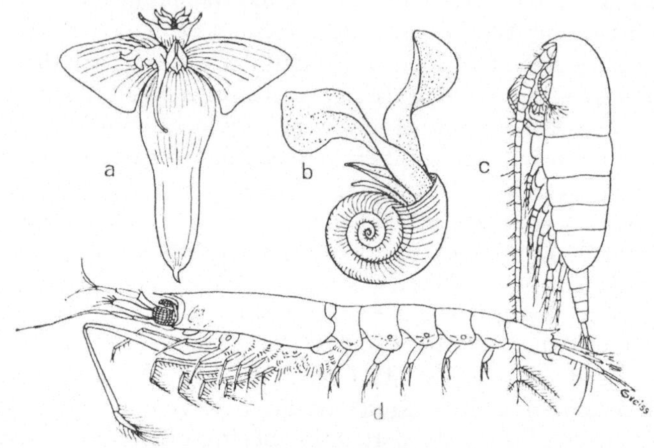

Abb. 33. Kril: a u. b Flügelschnecken (Pteropoden) Clione limacina und Limacina helicina; c Ruderfüßer Calanus finmarchicus; d Spaltfüßer Boreophausia inermis (aus HESSE-DOFLEIN)

Es kommt vor, daß Herden von Walen, sog. Schulen, ihrem Leittier folgend bei Sturm stranden oder — häufiger — vom Menschen oder von einem Rudel Schwertwale an das seichte Ufer getrieben werden. Hier ersticken die Tiere langsam, wenn der Mensch sie nicht vorher umbringt. Liegen diese massigen Körper nicht mehr im Wasser, sondern mit ihrer ganzen Wucht auf dem Land, dann wird der nun einseitig wirkende Druck auf den Rumpf so groß, daß die Tiere nicht mehr im Stande sind, ergiebige Atembewegungen auszuführen. Sie flachen an Brust und Bauch ab, zumal sie keinen knöchernen Brustkorb besitzen. Wohl haben sie kräftige Rippen. Diese sind aber nicht durch ein Brustbein zu einem tragfähigen Gewölbe miteinander verbunden.

Bei der Einatmung muß jeweils der elastische Panzer der Wale, ihre gewaltige Speckschicht, etwas gedehnt werden. Besonders die in den Eismeeren lebenden Wale besitzen einen derartigen, stark ausgebildeten Wärmeschutz. Aber dieser Speckpanzer hat noch eine andere wichtige Funktion. Er fängt beim Tauchen den ungeheuren Druck auf, dem sonst Kreislauf und auch Eingeweide sofort erliegen würden. Selbstverständlich müssen die Nasenöffnungen geschlossen werden, so daß im Inneren der Druck über eine Atmosphäre nicht ansteigen kann, es sei denn, daß eine unbedeutende Zusammenpressung der Speckhülle einen geringen Überdruck erzeugt. Ist doch noch besonders dafür gesorgt, daß die Blutgefäße, die zum Gehirn ziehen, nicht beim Tauchen unter Druck kommen können. Sie liegen wohlgeschützt im Wirbelkanal.

Ein von der Harpune getroffener Wal geht sofort in die Tiefe. Die Bartenwale tauchen etwa bis auf 250 m Tiefe, die Zahnwale bis auf 1000 m. Die letztgenannte Zahl gilt vor allem für den Pottwal, der schon bei seiner Jagd auf Tintenfische gezwungen ist, in größere Tiefen zu tauchen. Bei 1000 m liegt auf jedem Quadratdezimeter ein Druck von 10 t. Man kann verstehen, daß die Augen gegen diesen ungeheuren Druck durch eine harte, zähe Hornhaut geschützt werden müssen. Auch die Ohren haben sich angepaßt. Das Trommelfell ist fest und dadurch funktionslos geworden. Die Platte des Steigbügels sitzt unbeweglich in der Fenestra ovalis fest.

Das schnelle Tauchen und das Wieder-Emporkommen stellt somit bestimmte Forderungen an den Körper. Es muß verhindert werden, daß der äußere Druck sich auch dem Inneren mitteilt. Eingeweide und Blut dürfen nicht betroffen werden. Es muß also ein fester und doch etwas elastischer Mantel den Druck auffangen und tragen. Die dicke Speckschicht ist hierfür besonders geeignet. Sie kann aber ihre Aufgabe nur erfüllen, wenn sie überall gleichmäßig vom Druck getroffen wird. Das heißt aber, wenn der Körper, den sie zu schützen hat, sich so weit als möglich der Form einer Kugel, oder wenigstens einer Walze nähert (Abb. 34). Stellen wir uns vor, der Pottwal hätte eine stark seitlich zusammengedrückte Form so wie z. B. der Karpfen oder gar der Brachsen, so könnte ihn sein dicker Speckmantel nicht davor schützen, völlig seitlich zusammengequetscht zu werden.

Es werden auch besondere Anpassungen des Blutkreislaufes vermutet. Doch ist man hierüber ebensowenig im klaren, wie über die behauptete Hautatmung der Furchenwale.

Vermutlich liest man unter den Anstandsregeln, mit denen Knigge uns beglückt hat, auch den Satz: Man spricht nicht, während man ißt. Vielleicht weist er auch darauf hin, daß das unästhetisch wäre. Aber nicht nur aus diesem Grund ist das zu vermeiden. Es kommt noch ein zwingenderes Moment hinzu. Beim Sprechen ist der Kehldeckel geöffnet und die Speise kann jetzt in den Kehlkopf gelangen, was dann zu heftigem reflektorischem Husten

Abb. 34. Pottwal (aus Brehm)

und Prusten führt. Aber auch schon beim Atmen muß sich der Kehldeckel heben. Wir können nicht atmen und schlucken zugleich.

Derlei Probleme kennt der Wal nicht. Er muß ja ständig das Wasser durchsieben, um satt zu werden. Beim Fressen gönnt er sich wenig Atempausen; und er braucht sie auch nicht. Denn bei ihm setzt sich der Kehlkopf nach oben in einen langen Schornstein fort, der sich erst oben im hinteren Nasenraum öffnet. Der Nahrungsbrei kann also ständig links und rechts an diesem Aufsatz vorbei in die Speiseröhre gelangen. Der Bartenwal kann sich nicht „verschlucken".

Die Wale, die ursprünglich auf dem Land lebten und erst sekundär ins Wasser gingen, sind also luftatmende Säugetiere. Sie haben sich zu guten Schwimmern umgebildet. Die Vorderextremitäten wurden zu Rudern; die hinteren Extremitäten wurden rudimentär. Nur kleine Überreste des Beckengürtels sind noch vorhanden. Das Hinterende des Körpers ist zu einer kräftigen, horizontal liegenden Flosse umgebildet (Abb. 32).

Dies alles gilt für beide Gruppen, für die Bartenwale und für die Zahnwale. Diese beiden haben sich jedoch nicht aus derselben

Wurzel heraus entwickelt. Sie sind unabhängig voneinander ins Wasser gegangen, haben sich aber dann dort in gleicher Weise dem Wasserleben angepaßt.

Erst im Meer konnten sie sich zu so gewaltigen Riesen bis zu 150 t und 30 m Länge entwickeln. Trotz ihrer Dimensionen sind sie dank ihres schnellen Wachstums schon nach $2^1/_4$ Jahren fortpflanzungsfähig. Da sie aber nur alle 2—3 Jahre ein Junges gebären, so ist ihre Fortpflanzungsziffer doch recht nieder. Das Weibchen säugt das Junge, das bei der Geburt bis zu 7 m mißt, etwa 1 Jahr lang.

Wie alt der Wal wird, weiß man nicht; sicher aber erreicht er mehr als 50 Jahre. Dies kann man schließen aus einer Harpune, die im Körper eines Wal gefunden wurde und die den Namen des Schiffes trug, auf dem sie verwendet wurde. Das Schiff war aber seit 50 Jahren außer Kurs.

Die Geschichte des Fangs der Bartenwale ist eine Geschichte des Raubbaus und des Mordens — bis zum heutigen Tag —, eine Anklage gegen die Menschen. Sehr früh wurde der Nordkaper dezimiert, der bis in die Biskaya nach Süden ging. Er und der Grönlandwal sind bereits dem Aussterben nahe. Die ganze weibliche Welt trug damals Korsetts, teils zur Zähmung, teils zum Vortäuschen von Widerspenstigem, und die Bartenwale mußten dafür verbluten, allerdings auch, um dem Menschen Licht zu spenden. Ja, als das Walöl und der Waltran durch das Petroleum ersetzt wurde, verlor der damals noch recht gefährliche Walfang erheblich an Interesse. Dazu kam, daß diese Riesen in den nördlichen Meeren schon so dezimiert waren, daß das Fangergebnis stark beeinträchtigt wurde. Es dauerte aber nicht allzu lange, bis die Fangmethoden verbessert und das Risiko der Jagd vermindert wurde und bis man lernte, mancherlei des Wales zu verwerten. Als man dann um die Jahrhundertwende entdeckte, daß man die flüssige Ölsäure in feste, gesättigte Stearinsäure überführen könne, und daß sich damit der unangenehm fischige Charakter verlor und überdies nun auch ein Ranzigwerden ausgeschlossen war, da wuchs das Interesse am Wal wieder gewaltig an. Erst jetzt lernte man den Wert des Wales richtig kennen; man war überrascht, was alles am Wal ausgenützt und verwendet werden konnte. Daß mittlerweilen das Korsett museumsreif geworden war, vermochte den Jagdeifer nicht im geringsten mehr zu beeinträchtigen. Denn schließlich hatte man erkannt, daß überhaupt alles am Wal genützt werden konnte. Auch für die Barten hatte man verschiedene Verwendungsmöglichkeiten gefunden. Die verbesserten Konservierungsmethoden, die an Bord durchgeführt wurden, gestatteten lange Reisen, selbst bis in die Antarktis. Als man dorthin vorstieß, fand man einen überraschenden Reichtum an Walen, der alle Gewissensbisse, die der Raubbau in der Arktis erzeugt haben mochte, augenblicklich beseitigte.

1901 wurde das Todesurteil den Walen in der Antarktis übergeben. 1920 war man erstaunt, daß auch diese starken Bestände auf den weltweiten Meeren so rapid und so erschreckend zurückgegangen waren. Es dauerte aber immerhin nochmal 15 Jahre bis das Allheilmittel gefunden war: die Gründung der internationalen Kommission.

Eine Walfangkommission und dazu noch international, dazu konnte man die Wale nur beglückwünschen. 1954 hat diese Kommission beschlossen:

1. Der Blauwalfang wird im Nordatlantik auf 5 Jahre gesperrt. Sehr gut. Aber Island und Dänemark ließen wissen, daß sie sich an dieses Verbot nicht halten werden.

2. Der Blauwalfang ist im Pazifik zwischen 20°—66° nördlicher Breite für 5 Jahre untersagt. Man sollte denken, die Schonzeit läge vor allem im Interesse von US., von Kanada und von Sowjet. Aber siehe da, gerade diese 3 Staaten erklärten, daß sie diese Bestimmung für sich als nicht bindend anerkennen würden.

3. Die Fangboote sind auf eine festgesetzte Zahl zu beschränken. Aber die Sowjets und Panama bauen ohne Hemmung Boote und fahren nach wie vor mit so vielen aus, als ihnen gut dünkt.

Und nun noch ein Blick auf die neuen rationellen Fangmethoden, Methoden, die eine Entschuldigung für den Massenmord liefern sollen. Man wird dann erkennen, wie übel es mit der Lebenserwartung des Einzelwales und der Walarten im ganzen bestellt ist.

„Mit großen Tranfabriken, bis zu 15000 Tonnen, und zahlreichen Zubringern (Fangschiffen) unter Zuhilfenahme von Hubschraubern und Ultraschall (man hat sogar schon die Verwendung von Wasserstoffbomben vorgeschlagen) wird der Wal jetzt mittels Explosivharpunen, neuerdings mittels elektrischen Stroms

(200 V Wechselstrom, 60—90 Ampère) getötet, und zum Mutterschiff gebracht; in einer halben Stunde ist ein Wal von 50—90 Tonnen abgespeckt, das Öl ausgelassen und alles in Dosen und Fässern verpackt. Die großen Schiffe zwingen zu Massenschlächterei, damit sie sich gut rentieren. Die Zubringer müssen täglich eine große Zahl von Walen (50 und mehr) anbringen. Das ist ihre Pflicht. Denn auch beim Massenmord kennt man den Zwang der Pflicht und auch den des Gewissens — mit umgekehrten Vorzeichen.

Vor der Jahrhundertwende wurden pro Jahr etwa 630 Wale erbeutet, 1932 waren es 43000, also nahezu 70mal so viel.

Man hat nun ausgerechnet, wie schnell der Wal sich fortpflanzt. Er wirft jedes zweite, oft auch nur jedes dritte Jahr ein Junges. Zwillinge sind Ausnahmen. Man hat den gegenwärtigen Bestand geschätzt und daraus errechnet und international festgelegt, daß nicht mehr als 16000 Blauwale in der Saison getötet werden dürfen, um die Art nicht zu gefährden. Etwa 20 Expeditionen fahren aus. Eine einzige davon hatte in einer vergangenen Fangsaison einen Rekord von 2500 Walen zu verzeichnen.

Hier kalkuliert der Mensch gefährlich scharf, wie weit er mit seiner brutalen Zinsforderung der Natur gegenüber gehen darf, ohne das Kapital anzugreifen. Ob seine Kalkulation auf die Dauer stimmt und ob, falls sie irreleitend ist, rechtzeitig eine Korrektur eingeschaltet werden kann, wird die Zukunft lehren. Allein eine Zunahme der Schwertwale, der grimmigen Feinde der Wale, könnte die ganze Kalkulation umstoßen. Rechnet man dazu, daß irgendeine Naturkatastrophe den Walbestand vermindern kann und daß nicht nur jede Fangexpedition der anderen den Rang abzulaufen bestrebt ist, sondern daß auch die Länder sich gegenseitig zuvorzukommen versuchen, so sehen die Lebenserwartungen der Bartenwale, als Art gesehen, sehr düster aus. Der Mensch ist intensiv mit seiner Ausrottung beschäftigt. Denn man kann bei diesen Tieren beinahe alles zu Geld machen. Die Aktien stehen sehr hoch. Darin sieht der Mensch eine Rechtfertigung seines Tuns." (Aus „Ketten für Prometheus" von REINHARD DEMOLL) Abb. 35.

Und nun eine kurze Übersicht über die Bartenwale. Von den Glattwalen ist der Grönlandwal und der Nordkaper nahezu ausgerottet. Der Riese unter den Riesen, der Blauwal (ein Furchenwal) wird bis 30 m lang (150 t schwer). Er lebt nur in kalten Meeren und nicht, wie die meisten anderen, in Rudeln. Er und der in Schulen auftretende Finnwal sind die wichtigsten Jagdobjekte in der Antarktis. Kleiner, aber fetter ist der Buckelwal. Er geht bis in die Tropen. Angeschossen schreit er wie ein überdimensioniertes Schwein. Dazu kommen noch der Seiwal und der kleine Zwergwal. Die andere Gruppe der Wale, die Zahnwale, sind im allgemeinen erheblich kleiner als die Bartenwale. Sie müssen sich die Nahrung erjagen. Sie sind daher auch nicht an den Nahrungsbrei in den kalten Meeren gebunden.

Abb. 35. Walfänger mit seiner Beute auf dem Wege zur Tranfabrik (aus: Das Reich der Tiere)

Der größte unter ihnen, der Pottwal, mißt 15—20 m und darüber. Wir haben ihn als Lieferant des Ambras, des Goldes des Meeres und des Walrats schon erwähnt. 1954 wurden insgesamt 11765 von diesen Ungeheuern erlegt. Der rechte Nasengang fehlt. Der sehr schmale Unterkiefer ist mit einer Reihe kräftiger, mehrere Pfund schwerer Zähne besetzt. Sie liefern ein mäßiges Elfenbein. Die meisten Zahnwale leben in Rudeln, bisweilen auch der Pottwal, vor allem aber der Delphin und dann der gefürchtetste von allen, der überall vorkommt, der „Mörder“, der 6 m lange Schwertwal (auch Butskopf genannt) (Orcinus orca), der Seehunde lebendig verschlingt und den größten Walen Stücke aus dem Leibe reißt, bis sie unter dem Angriff eines solchen Rudels verenden. Den

Rekord hält ein Schwertwal, in dessen Magen 15 in toto verschluckte Seehunde (vermutlich Jungtiere) und 13 Delphine gezählt wurden. In den Mägen von Pottwalen werden oft Tausende von Hornkiefern von Tintenfischen gefunden.

Der Narwal wurde seines Stoßzahnes wegen früher für einen Nachkömmling des Einhorns gehalten. Dies brachte ihm nicht nur Verehrung, sondern auch schwere Verfolgung ein. Ein Stoßzahn wurde ungeheuer bezahlt. Nur das Männchen besitzt einen solchen, meist auf der linken Seite des Oberkiefers entwickelten, spiralig gedrehten Zahn. Die Tiere gebrauchen ihn nicht nur zu Kämpfen mit Rivalen, sondern auch um den Boden damit umzupflügen und allerlei Getier, vor allem Seewalzen und Plattfische, zu Tage zu fördern. Dem Eskimo ist der Narwal ein beliebter Fleisch-, Speck- und Öllieferant. Den Zahn verwertet er zu Elfenbeinschnitzereien.

Vom Delphin wird schon im Altertum behauptet, er liebe die Musik. Festgestellt ist, daß er die Fische sehr liebt und in Unkenntnis, daß es sich hier um Säugetiere handelt, auch Artgenossen auffrißt. Seine Musikalität hat er noch nicht unter Beweis gestellt. Wohl soll ein Delphin den Sänger Arion zum Dank für den Genuß, den dessen Gesang ihm bereitet hatte, auf seinem Rücken haben Platz nehmen lassen. So bezahlte der Fisch das Konzerthonorar, indem er seinen Reiter an Land brachte. Die rührende Angelegenheit dürfte wissenschaftlich nicht genügend untermauert sein. Aber sicher scheint zu sein, daß die Delphine auf akustische Reize reagieren, wie sie auch selbst Quiektöne hervorzubringen vermögen. Die Fischer pfeifen und schreien, um die Delphine herbeizulocken, damit sie Fischschwärme stellen und in den Buchten ans Ufer treiben.

Während dem Delphin große Intelligenz und raffiniertes Überlegen nachgesagt wird — der Name Dauphin für den französischen Thronfolger hing mit seiner Beleihung mit der Dauphiné zusammen und sollte wohl kaum seine besonderen, delphingleichen Geistesgaben beleuchten, wie behauptet wird —, hat man bei einem seiner Verwandten, bei dem Grundwal, immer nur mit Bedauern festgestellt, wie leicht sich hier große Herden durch einfachste Manöver auf die Schlachtbank führen lassen. (Das Bedauern wandelte sich bei den Fischern allerdings zur Freude.)

Diese etwa 7 m langen, von Fischen und Cephalopoden lebenden Wale nähern sich oft dem Ufer. Wird das Leittier auf seichte Stellen getrieben, so folgt die ganze Herde. Hunderte von diesen gewaltigen Tieren liegen dann hilflos im Sand und werden in einem orgienhaften Massaker totgeschlagen und totgestochen, so daß die ganze Bucht, Wasser, Strand und Menschen von Blut gerötet sind.

Die bekanntesten delphinartigen in Nord- und Ostsee sind der Tümmler und Braunfisch. Beide meist wenig beliebt bei den Fischern der Konkurrenz wegen.

Wir wissen nun schon, daß man den ganzen Walfisch von vorn bis hinten und von außen bis innen gebrauchen kann, und daß die Meinung über den Wert des Trans, des Fleisches usw. sehr gewechselt hat, seitdem man lernte, richtig vorzubehandeln und zu konservieren. Der Tran und das Öl sind frei von unangenehmen Eigenschaften, das Fleisch schmeckt wie Rindfleisch. Es ist leicht verdaulich. Wichtig aber ist, daß es noch warm eingedost und sterilisiert wird. Walmehl ist ein gutes Futtermittel, Walblutmehl eignet sich für Küche und Stall.

Aber auch die pharmazeutische Industrie interessiert sich für den Wal. Die Hypophyse, die Nebenschilddrüse, Nebenniere und Pankreas, alles wird verwertet. Der Hypophysenvorderlappen wiegt bis 30 g. Der Gelbkörper eines großen Wals wiegt bis zu 7 kg (beim Schwein 2 g). Entweder werden diese Organe sofort eingefroren und erst in der Heimat verarbeitet, oder sie werden in Aceton, der Gelbkörper in Formaldehyd konserviert. Die Leber des Pottwals enthält sehr viel Vitamin A. Aber auch die anderen Gewebe sind Vitamin-A-reich, vor allem die Milch. Sie enthält im Liter 10mal so viel davon wie die Frauenmilch. Die Leber wird am besten in Salz konserviert.

Besonders hochwertiges Fett liefert der Delphin. Es ist überdies durch hohen Jodgehalt ausgezeichnet.

Nochmal: *Alles* am Wal ist verwendbar, nur nicht die Haut. Man kann sie nicht gerben. Sie ist zu dünn und zu fett. Nur die Haut des Narwal, des Weißwal und des Grundwal macht eine Ausnahme.

Im antarktischen Frühling entwickeln sich in dem mit Mineralien angereicherten Wasser gewaltige Algenmassen. Während sie mit der Strömung nach Norden treiben, lassen sie ein ungeheuer reiches Plankton entstehen, so daß das Meer durch ein Krebschen (Calanus finmarchicus C) mit sehr hohem Carotingehalt oft eine intensiv rote Wasserblüte zeigt. Die Wale ziehen mit diesen Carotinspendern nordwärts. Und ihnen folgen die Tranfabriken. Durch Markieren der Wale mittels kleiner, eingestoßener, nicht gesundheitsbedrohender Harpunen hat man erkannt, daß diese Wanderungen und Rückwanderungen geregelt sind. Auch die Rückwanderungen — wenn der Wal nicht in Fässern und Dosen verpackt, die antarktischen Gefilde für immer verläßt.

Ein trauriges, ein deprimierendes Kapitel, das wir hier abschließen. Man kann sich kaum des Eindrucks erwehren, hier einen Nekrolog zu schreiben. Jede Nation wünscht, daß die anderen vernünftig wären und die Bestimmungen der internationalen Kommission loyal erfüllten. Und jede mißtraut mit Recht der Vernunft der anderen so sehr, daß sie es für das Vernünftigste hält, selbst auch zu den Unvernünftigen überzugehen.

So stellen die Akten, die sich da türmen, letzten Endes eine Enzyklopädie törichter und neidischer Gewinnsucht dar. Und als Entschuldigung steht oben auf: 1954 lieferten diese Tiere 500000 metr. t Öl.

12. Wo bezieht die Eskimomaid künftig ihre Hosen?

Sagen wir es gleich, es geht um ihre Pelzhosen, ihre blütenweißen Pelzhosen, die ihr bisher die Jungen der Sattelrobben lieferten. Aber bis zu 500000 dieser nur 6—7 Wochen alten reizenden Pelzklumpen werden jährlich totgeschlagen und kommen als white coat in den Handel. Bald werden die Eskimodamen sich nach einer anderen Mode umsehen müssen. Statt wie bisher in weiß, müssen sie sich künftig so, wie heute schon die größere Zahl der Eskimo, mit dunklen Pelzen, die weniger rauch und daher dem weiblichen Geschlecht weniger angepaßt sind, zufrieden geben. Darin liegt nichts Tragisches. Aber wenn die Jungen totgeschlagen werden, fehlen auch bald die Alten. Und was ist der Eskimo ohne Robben? Ohne ihr Leder, ohne ihren Pelz, ohne ihr Öl und vor allem ohne ihr Fleisch? Wovon soll er im Winter leben? Ist er doch jetzt schon häufig genug zum Hungern gezwungen. Wird aber seine Seehundjagd noch weniger zuverlässig und weniger ergiebig, dann hat man mit den Robben nicht nur die Hosen der Eskimodamen, sondern gleich den ganzen Eskimo umgebracht.

Alle Robben sind heute gefährdet, zum Teil schon dem Aussterben nahe. Ihr Verhängnis ist in erster Linie ihr hoher Trangehalt. Dazu der Wert des Pelzes. Beschleunigt wird ihre Dezimierung durch ihre Intelligenz, wenn wir die Neugierde als Tochter der Intelligenz ansprechen dürfen. Gleich, ob es etwas zu sehen oder zu hören gibt, mit affenartiger Neugier fühlen sich die Tiere gezwungen, darauf zuzusteuern, statt gleich die Flucht zu ergreifen. Ausnahmen machen nur die, denen sich der Mensch schon einmal vorgestellt hat.

Also auch hier ein Kapitel, das in doppelter Weise das Gewissen der Menschheit belasten sollte. Denn nicht nur werden hier unwiderruflich Tierarten ausgerottet und die Reichhaltigkeit der Schöpfung wiederum gemindert. Zugleich wird damit einem der liebenswertesten und freundlichsten (wenn auch während des Winters sehr ungewaschenen) Menschenschlag seine Existenzbasis vernichtet, einem Volk, das für uns geradezu etwas Märchenhaftes an sich hat mit seinem Mangel an irgendwelchen Schimpfworten. Ja nicht einmal für schimpfen, beschimpfen und beleidigen, für Streit und Krieg haben sie einen Ausdruck, und wenn einer glaubt, vom anderen Unrecht erlitten zu haben, so besingt er vor dem Forum aller übrigen sein Leid in Versen, und der damit Angeklagte trägt darauf ebenfalls singend seine Rechtfertigung vor. Dann wird gezecht und geschmaust — sofern es gerade etwas zu schmausen gibt —, und alles ist wieder gut. Mögen diesem Völkchen seine Seehunde erhalten bleiben.

Wie herrlich, wenn sich doch die Diplomaten in Genf daran gewöhnen könnten, auch nur in Versen singend ihre Meinung vorzutragen. Dann könnten wir den Sängern auch heitere Trinkgelage hinterher gönnen.

Robben und Walrosse sind wie die Wale Säugetiere, die ehedem an das Landleben angepaßt waren, dann aber wieder ins Wasser gingen. Die Vorderextremitäten wurden hierbei zu kräftigen Paddeln, die Hinterextremitäten zu Rudern, die mehr nach Art von Propellern wirken. Unter den Robben haben die Seehunde durch diese extreme Anpassung die Fähigkeit verloren, die hinteren Extremitäten noch nach vorn umzuschlagen, so daß diese ihnen jetzt auf dem Lande bei der Fortbewegung nichts mehr helfen. Nur durch eine Art Bauchhüpfen vermögen sich diese Formen mühsam vorwärts zu schieben. Die Ohrenrobben dagegen — sie haben noch Ohrmuscheln — sind auf dem Lande sehr viel beweglicher, da die hinteren Extremitäten nach vorn abgewinkelt werden können (Abb. 36 links unten).

Die Gruppe ist den Raubtieren verwandt. Die meisten leben von Fischen, in der Jugend von Krebsen und Fischen. Nur die größten unter ihnen, die Walrosse, fressen als Küstentiere ständig Kleintiere und Tang. Neben solchen, die sich in Ufer- oder Treibeisnähe aufhalten, gibt es andere, die die Weiten der Ozeane alljährlich durchmessen und nur zum Werfen der Jungen und zugleich zur Begattung ganz bestimmte Inseln oder Festlandteile aufsuchen. Dies ist dann für den Menschen die Zeit des Mordens und Vernichtens. Die meisten erreichen höchstens ein Alter von 30—40 Jahren.

Von den gewaltigen *Elefantenrobben* (See-Elefanten Macrorhinus leoninus) ist im wesentlichen nur noch zu berichten, daß sie bald ausgestorben sein werden. Ein großer Bulle liefert 1000 kg Tran. Wie lange noch? (Abb. 37).

Völlig ohne Mißtrauen dem Menschen gegenüber sind die in der Antarktis lebenden Robben. Wenn sie sich auf dem Eis behaglich sonnen, so schauen sie kaum auf, wenn ein Mensch auf sie zukommt. Gleich dösen sie wieder weiter. Denn auf dem Land gibt es für sie keinen Feind; sie wissen nicht, was ein Raubtier ist, und den Menschen haben sie als solches noch nicht erkannt. In der Arktis hätten sich die *Wedellrobben* schon etwas mehr Vorsicht angewöhnen müssen, schon um dem Rachen des Eisbären zu entgehen.

Schlanker und wendiger als alle anderen Robben ist der *Seeleopard*, der gefährlichste Feind der Pinguine, sobald diese ins Wasser gehen. Neben diesem Räuberischsten wollen wir auch die Löwenrobbe (Mähnenrobbe), die gelehrig sein soll, erwähnen.

Die *Sattelrobbe* wurde als white coat-Lieferant schon genannt. Wenn auch die meisten Seehundbabies eine sehr helle Wolle haben, so übertreffen doch die der Sattelrobben alle anderen bei weitem an Reinheit des schneeweißen Pelzes. März bis April werden die Jungen geboren. Dann folgt die Schlächterei. Die *Klappmütze* hat ihren Namen erhalten durch die Fähigkeit der Männchen, einen Hautsack auf der Stirn aufzublasen. Die Tiere wirken dann immerhin imposant und bedrohlich, aber es steckt hier auch bisweilen eine gefährliche Angriffslust dahinter. Das Fell der

Abb. 36. Kalifornische Seelöwen. Sieben bis acht Monate lebt das Junge ausschließlich von der Muttermilch (aus: Das Reich der Tiere)

jüngeren Tiere kommt unter dem Namen „Blaumänner" in den Handel. Meist wird es gefärbt. Die Klappmütze taucht bis auf 600 m.

Und schließlich der Freund des Eskimos, der ihm am häufigsten in höchster Not hilft, die etwas kleinere *Ringelrobbe*, die immer in der Nähe der Küste bleibt, und so im Winter die zuverlässigste Speisekammer für den Eskimo darstellt (Abb. 38).

Gleich welche Robben man auch betrachtet, bei keiner hat man den Eindruck, daß sie etwas liefern könnte, was einigermaßen noch den Namen Pelz verdiente — abgesehen von den Jungen. Immer ist es ein starres Borstenkleid, bei den Bärenrobben etwas geringelt, das es rätselhaft erscheinen läßt, wie daraus ein Pelz gewonnen werden kann. Und doch liefert die Bärenrobbe den kostbaren Sealskin; aber auch der Pelz vieler anderer Robben ist sehr gut verwendbar. Immer jedoch liegt die Kostbarkeit versteckt unter diesen groben, unansehnlichen Oberhaaren. Verwertet wird nur die zarte Unterwolle. Die Seelöwen scheiden daher als Pelzlieferanten aus, da bei ihnen die Unterwolle kaum

Abb. 37. Elefantenrobbe, Macrorhinus angustirostris, Männchen (Brehm)

entwickelt ist. Auch als Leder ist ihre Haut nicht zu gebrauchen. Sie ist zu schwammig.

Den kostbarsten Pelz, den goldgelben, seidigen Sealskin, der schwarzbraun gefärbt in den Handel kommt, liefert die Bärenrobbe der Pribylow-Inseln (Callorhinus alascanus). Im Frühjahr erscheinen auf diesen felsigen Inseln zuerst die alten Männchen, plumpe und doch wendige Bullen bis zu $2^1/_2$ m Länge und 5 Zentner Gewicht. Nun beginnt unter lautem Gebrüll eine heftige Rauferei um die besten Plätze. Parterrelogen, das heißt solche, die direkt am Ufer liegen, sind am heißesten umkämpft. Hier regieren die Kräftigsten, während die Jüngeren und ebenso die ganz Alten in die oberen Ränge verwiesen werden. Die Junggesellen, die noch nicht geschlechtsreif sind, halten sich abseits, oft auf abgetrennten, kleinen Inseln.

Etwa Mitte Juni erscheinen die Damen. Damit werden Aufregung und Kämpfe noch lebhafter. Jeder wünscht sich einen möglichst großen Harem zusammenzustellen. Doch sind die Schönen nur allzu gern bereit, sich von Jüngeren zu strafbaren Exkursionen verleiten zu lassen. Je größer der Besitz, um so schwieriger wird es daher, ihn zusammenzuhalten.

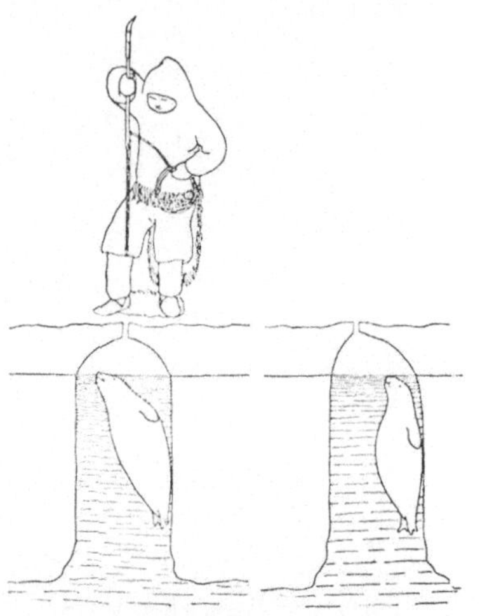

Abb. 38. Seehundjagd im Winter. Der Jäger muß die Lage der Öffnung des Atemloches genau untersuchen, um den Seehund mit der Harpune nicht zu verfehlen (aus: Das Reich der Tiere)

Ist der Harem einigermaßen konsolidiert, so kommt auch schon für die Weibchen die schwere Stunde. Sie bringen die Jungen zur Welt, die sie im Jahr vorher empfangen haben. Bald darauf findet wieder Begattung statt. Im September gehen die Flitterwochen zu Ende — eine recht strapaziöse Zeit für die besitzenden Männchen, die den ganzen Sommer über kaum zum Fressen kamen, während die Weibchen immer wieder ins Wasser gingen und dort unter den Fischen tüchtig aufräumten. Jetzt ziehen die Männchen hinaus ins offene Meer nach Süden, um wieder Speck anzusetzen für die nächste Brunstzeit. Die säugenden Weibchen bleiben mit ihren Jungen noch bis Oktober. Dann ziehen auch sie und mit ihnen die ganze Jugend nach Süden, bis zu 2000 km weit, wo sie dann in einzelnen Trupps mitten im Ozean angetroffen werden. Nachts sieht man sie an der Oberfläche schlafend auf der Seite liegen, wobei sie die eine der Flossen aus dem Wasser strecken.

Im Juli werden die jungen Männchen zwischen dem zweiten und vierten Lebensjahr — denn nur diese dürfen heute getötet werden — auf die Schlachtbank geführt. Sie halten sich, da noch nicht oder eben erst geschlechtsreif, meist in respektvoller Entfernung von dem Hochzeitstrubel auf. Nun werden sie vorsichtig landeinwärts getrieben; vorsichtig, damit die seriösen Herren mit ernsten Absichten nicht gestört, und ferner, daß die Getriebenen nicht gereizt werden und sich gegen die Treiber wenden. Nur solange das Gras feucht ist, wird der Vormarsch fortgesetzt. Auf entlegenem Platz werden sie dann erschlagen und abgepelzt.

Die Regelung, daß nur eine begrenzte Zahl solcher Junggesellen und keine anderen Tiere geschlagen werden dürfen, ist noch nicht sehr alt (1912). Schwierig aber war es, eine wirksame Kontrolle dieser Bestimmung durchzuführen, die trotz Entsendung von leichten Kreuzern nicht gleich erreicht werden konnte.

Ums Jahr 1872/73 schätzte man die Herde dieser Robben, die den besonders bevorzugten Alaskaseal liefern, auf noch nahezu 5 Millionen Tiere, obwohl damals schon in gewissenloser Weise Raubbau getrieben, trächtige Weibchen erschlagen und schon 1803, um Preissenkung zu verhindern, 800000 Felle verbrannt wurden. 1905 fand man auf den Inseln 30000 verhungerte Junge. Ihre Mütter waren abgeschossen worden. 1910 war die Millionenherde auf 200000 Stück zusammengeschmolzen. Jetzt wurden vor allem von USA. energische Bestimmungen erlassen und die Kontrollen verschärft. Damit waren die Räubereien auf den Inseln unterbunden. Dies hatte zur Folge, daß die Räuber sich nun darauf verlegten, die Tiere im Meer abzuschießen. Die in jener Gegend meist diesige Luft half ihnen, den Wachschiffen zu entgehen. Überdies waren sie selbst schwer bewaffnet. Im Meer aber blieben nur die Weibchen längere Zeit im Bereich der Inseln, auf die sie nach reichlicher Mahlzeit immer wieder zurückkehren mußten, um die Jungen zu säugen. Sie vor allem wurden durch die Seeräuber dezimiert. Und mit den schon wieder trächtigen Weibchen wurden auch ihre Jungen umgebracht. Wirkungsvoll wurde der Schutz erst, als diesen Banditen das Handwerk gelegt werden konnte (etwa Ende des ersten Weltkrieges). Jetzt stieg die Zahl wieder stetig an, so daß im Jahre 1930 die erste Million überschritten wurde. USA. hat schon seit länger das Sealgeschäft in eigene Regie übernommen und kalkuliert alljährlich, wieviele Junggesellen geschlagen werden dürfen.

Früher galt ein Sealmantel als ein Stück fürs ganze Leben. Heute ist das Leben der mondänen Dame zu lang, um immer nur den gleichen Mantel tragen zu können.

Den echten Seal sieht man bei uns ziemlich selten. Seal-Otter und Seal-Bisam sind sehr gute Imitationen, die dem echten kaum nachstehen und die wie die Pelze der meisten Wassertiere ebenfalls sehr haltbar sind. Der billigste und am wenigsten dauerhafte ist der aus australischem Kanin gefertigte Seal-Kanin, oft auch Seal-Elektrik genannte, um nicht vom Kanin sprechen zu müssen.

Und das Walroß? Auch dieses Tier hat seine Meriten, wenn wir den nackten Nützlichkeitsstandpunkt des Menschen gelten lassen. Seine zwei mächtigen Hauer im Oberkiefer liefern ein wenn auch mäßiges Elfenbein, und die kräftige Haut wird zu Treibriemen verarbeitet. Aber auch Tran und Fleisch dieser bis zu 20 Zentner schweren Tiere wird verarbeitet.

Wir wollen aber hier nicht nur an Tran, Fleisch, Leder und Pelze denken. Die Robben und unter ihnen besonders die echten Seehunde (Phocidae) verdienen es sehr wohl, daß man auch etwas ihrer musikalischen Liebhaberei gedenkt. Auf ihre Neugierde besonders gegenüber Tönen habe ich schon hingewiesen. Eine Neugierde, die ihnen oft zum Verderben wird, wenn auch festgestellt ist, daß die Erfahreneren den Jüngeren Warnungen zuteil werden lassen, die von diesen befolgt werden. Die Seehunde reagieren in besonderer Weise auf Musik und anscheinend ganz besonders auf Glockengeläut. Sie lauschen aufmerksam, den Kopf hoch haltend, und zeigen deutlich nach dem Verstummen der Glocken die Entspannung. Oft schwimmen sie schnurgerade darauf zu. Man kann sich des Eindrucks nicht erwehren, daß ihnen die Glockentöne eine angenehme Empfindung vermitteln.

Und dann denke man an die Ohren-Robben, die im Zirkus auftreten und schwierige Balancierkunststücke sehen lassen. Besonders setzen uns die kalifornischen Seelöwen in Erstaunen. Sie sind geborene Artisten. Mehrere Flaschen aufeinandergestellt, werden auf der Nase balanciert, und dabei erklettern sie noch — oder besser gesagt —, sie erwatscheln dabei noch mehrere Stufen von der einen Seite hinauf und, wohl noch schwieriger, drüben wieder hinunter. Wie kommen die Tiere dazu, eine völlig lebensfremde Funktion mit solchem Geschick durchzuführen? Gibt die spiellustige Jugend der Tiere hier einen Fingerzeig? So, wenn die Tiere im Zirkus so schnell lernen, sich gegenseitig mit der Nase den Ball zuzustoßen? Die Robbe — ein leidenschaftlicher Sportler. So etwas muß man doch lieben.

13. Die posthum berühmt gewordene Kuh

Berühmt als Dokument menschlichen Unverstandes, berühmt aber auch, weil heute nur noch Knochen von den gewaltigen, 20 t schweren Tieren in Museen Zeugnis geben. STELLER, ein Naturforscher aus dem Frankenland, hat sie entdeckt, als er 1741 zusammen mit BERING auf eine der Inseln von Kamtschatka verschlagen wurde und mit seinen Leuten froh war, eine bequeme Fleischquelle gefunden zu haben, die sich überdies als sehr schmackhaft erwies. Darüber berichtete er auch in seinen „De bestiis marinis". So wurden die Vorzüge dieser Tiere — leichte Beute, schmackhaftes Fleisch und Fett — schnell bekannt; Grund genug, sie sinnlos abzuschießen oder totzuschlagen. Etwa 30 Jahre später war die STELLERsche Seekuh ausgerottet. Eigentlich müßte sie STOELLERsche Seekuh heißen. Ein kleines Versehen. Wie aber kommt die ganze Gruppe dieser plumpesten Tiere, der auch die Seekuh angehörte, zu dem Namen Sirenen? Sie können nicht singen und haben auch sonst nichts, was an die verführerischen Sirenen, wie sie Odysseus kennengelernt haben will, erinnert. Sie sind plump und massig wie ein Walroß, doch entspricht ihr Körperbau viel eher dem der Wale. Die Vorderextremitäten sind zu Paddeln umgebildet, die Hinterextremitäten sind rückgebildet; das Ende des Rumpfes hat sich zu einer horizontal gestellten, kräftigen Schwanzflosse entwickelt. Dennoch haben sie mit den Walen nichts zu tun[1].

Von diesen Sirenen leben noch Vertreter zweier Familien, die sich z. T. in die Mündungsgebiete von Flüssen zurückziehen. Sie stammen von elefantenähnlichen Formen. Sie nähren sich vor allem von Tang. Da sie weder wehrhaft noch behend, weder schlau noch wachsam oder instinktbegabt sind, da ihre Gefräßigkeit höchstens noch durch ihren Stumpfsinn übertroffen wird,

---

[1] Sirenenbildung = Mißbildung = Verwachsung der Hinterbeine. Die Sirenen haben aber überhaupt keine hinteren Extremitäten.

werden sie wohl alle mit der Zeit ausgerottet sein, zumal der Wohlgeschmack ihres Fleisches besonders gerühmt wird.

So wenig anregend diese Tiere auch aussehen mögen, wir wollen uns durch sie dennoch anregen lassen, einem Problem von allgemeiner Bedeutung nachzugehen.

Die Vorfahren der Säugetiere waren Wassertiere. Und nun stellen wir fest, daß eine ganze Reihe von ihnen, und zwar unabhängig voneinander, wieder in das Meer zurückgekehrt sind: Die Robben, die Bartenwale, die Zahnwale und die Seekühe. Andere Landtiere zeigen dieselbe Neigung. Wir haben die Pinguine unter den Früchten des Meeres aufzuführen keine Veranlassung gehabt, wenn auch mancher Pinguin-Balg in Kapstadt als Bettvorleger dient. Diese harmlosesten, schönen und drolligen Kreaturen, die sich bereitfinden, mit Menschen auf ihrem Eisparkett Ringelreihen zu spielen, wären schnell ausgerottet, wenn ihr Fleisch genießbar wäre. Diese Vögel haben mindestens ebenso viel aufgegeben wie die Wale, die vollständig auf das Land verzichteten. Der Pinguin hat das Reich der Lüfte hingegeben; die Kunst des Fliegens, mühsam erworben, hat er eingetauscht gegen die Beherrschung des Wassers, gegen die Kunst zu schwimmen und zu tauchen und sich so einen anderen Nahrungsquell zu erschließen, den Fisch. Verloren hat er dafür die Möglichkeit, im Winter nach wärmeren Gegenden zu fliegen. Sie sind festgefroren im ewigen Eis, diese liebenswerten Wächter des riesigen Eisschrankes im Süden.

Wie kommen nun all diese Tiere dazu, wieder das errungene Element mit einem längst verlassenen zu vertauschen? Ist es eine sinnlose Laune der Natur, ein Nichtrechtwissen, was sie will? Oder ist es nur der Drang nach Abwechslung? Oder kann man darin einen Vorteil im Sinne einer Weiterentwicklung erkennen?

Daß der Säugetierkörper andere Voraussetzungen mitbringt für das Wasserleben als der Fisch, daß er damit auch Chancen irgendwelcher Art haben kann, die dem Fisch nicht gegeben sind, läßt sich vermuten. Und diese Vermutung wird bestätigt durch die Feststellung, daß alle diese Wassersäugetiere von ganz bedeutenden Dimensionen sind, verglichen mit den Fischen, daß es unter den Fischen nur wenige Arten gibt, deren Gewicht 1 t überschreitet. Nur der Grauhai kann sich an Länge mit kleineren Walfischen messen. Allerdings ist die untere Grenze der Maße eines Wassersäugetiers bestimmt durch die Forderung, nicht zu viel an Eigenwärme zu verlieren. Warum aber liegt die maximale Größe aller Fische (Ausnahme einige Haie) so weit unter der der Wale, der großen Robben, der See-Elefanten und der Seekühe?

Suchen wir nach den Feinden dieser Meeressäugetiere, so stellen wir fest, daß sie infolge ihrer gewaltigen Dimensionen im Wasser im wesentlichen nur noch zwei Räuber zu fürchten haben, die beide ihrer eigenen Sippe, den Säugetieren, angehören: Der Schwertwal, genannt Mörder, und der Mensch, genannt homo sapiens.

Man kann daher wohl sagen, daß die wieder ins Meer gegangenen und diesem völlig angepaßten Säugetiere dort Formen entwickeln und Lebensbedingungen ausnützen konnten, die über das hinausgehen, was den Fischen möglich gewesen wäre. Und die Pinguine? Nur Warmblüter können das Festland der Antarktis erobern. Da es aber dort keine Pflanzen, nicht einmal Flechten gibt, so mußten sie ihre Nahrung aus dem Meer holen. Vollendetes Schwimmen wurde wichtiger als die Kunst des Fliegens. So entstanden die Pinguine. Kein phantasiebegabter Mensch hätte diese reizenden, etwas skurrilen Formen erfinden können.

14. Die Mehrzahl der Menschen hungert

$^2/_3$ der Menschen hungern und sind unterernährt. 1800 Kalorien sind auch für den in warmen Ländern Lebenden zu wenig. Es ist der Durchschnitt von dem, was den meisten Negern und vielen Asiaten zur Verfügung steht. Da man in Europa und Amerika im allgemeinen gut gesättigt vom Tisch aufsteht, besteht Geneigtheit, darüber nachzudenken, wie den übrigen zu helfen wäre. Kann hier der Ozean nicht Retter sein? Er ist so ungeheuer in seiner Ausdehnung; 70,7% der Erdoberfläche. Und er ist nicht wie das Land nur von einer hauchdünnen Schicht Leben überzogen; hier geht das Leben weit in die Tiefe. Was könnte der Ozean leisten, wenn er richtig ausgenützt würde? Das ist die Frage, die sich aufdrängt.

$^2/_3$ der Menschen normal nur 1800 Kalorien! Bei Hungersnöten, und die sind häufig, noch sehr viel weniger. 2500 müßten sie alle haben, zumindestens aber 2200. Kann die Produktion des

Meeres so weit gesteigert werden, daß eine merkliche Linderung der Not eintritt?

Man hat einen guten Überblick über den Umfang der Anlandungen. Sie betrugen im Jahre 1953 27000000 t. Wir lassen hier die Anlandung an Walfischprodukten beiseite, weil diese eine Steigerung nicht mehr erfahren kann, eher eine Minderung. Diese 27 Millionen könnten wohl bis auf das Doppelte anwachsen, einmal durch rationellere Fangweisen (Echolot) und weiter durch Erschließung neuer, bisher wenig genutzter Fanggründe.

Werden nun diese noch hinzukommenden rund 30 Millionen Tonnen sich bei der Ernährung der Unterernährten wesentlich bemerkbar machen?

Auch von diesen neu hinzukommenden 30 Millionen gehen ebenso wie von bisherigen 27 Millionen $^1/_3$ für Viehfutter und Industrie-Produkte ab. Darin ist vor allem der Abfall enthalten, so daß für die restlichen 20 Millionen ein hoher Verwertungsquotient angesetzt werden kann. Nehmen wir als verwertbar 15—18 Millionen Tonnen an, so ergibt dies — wenn wir den Mehrausfang nur den Hungernden zukommen lassen — für 1,7 Milliarden Menschen einen jährlichen Zuwachs an guter, kalorien- und vitaminreicher Nahrung von 10 kg pro Kopf. Pro Tag also eine Zulage von 30 g, so viel wie 1 Ei von einer Junghenne. Wenn dies auch die Unterernährung nicht beseitigen kann, so ist es doch eine nicht unmerkliche Verbesserung der Lage.

Wann aber wird eine solche Steigerung der Anlandung erreicht sein und wodurch? Die Weltproduktion (wenn man hier das Wort Produktion verwenden darf) belief sich auf:

5 Millionen Tonnen im Jahre 1900
10 Millionen Tonnen im Jahre 1930
20 Millionen Tonnen im Jahre 1947
30 Millionen Tonnen im Jahre 1955.

In diesen 30 Millionen sind auch Krebse und Schalentiere (3,3) und Süßwasserfische mit (3 Millionen) enthalten. Man erwartet eine Steigerung auf

36 Millionen Tonnen im Jahre 1960 und auf
60 Millionen Tonnen im Jahre 1980.

Und wieviele Bewohner wird 1980 unser Erdball zu tragen und zu ernähren haben? Gerade bei den Unterernährten liegt die

Fortpflanzungsziffer so hoch, daß in 30—40 Jahren mit einer Verdoppelung zu rechnen ist. Dies aber bedeutet, daß eine Mehrung der Anlandungen noch lange nicht imstande ist, das durch die Erhöhung der Bevölkerungszahl neu entstandene Minus auszugleichen. Die Nahrungsproduktion des Bodens wächst langsamer als die Bevölkerung (in gleichem Zeitraum nur 20% gegenüber 24% Zunahme der Bevölkerung), und je mehr sich die Bodenerosion bemerkbar macht, um so bedenklicher wird dieses Tempo sich verlangsamen und um so schneller wird der Hunger wachsen. Demgegenüber vermag eine Steigerung der Anlandungen nichts mehr auszurichten[1].

Trotzdem wird man alles tun müssen, um auch mit der Zeit das Meer „in die Hand zu bekommen", um es möglichst rationell bewirtschaften zu können.

Wie ist dies möglich?

Das Meer kann noch erheblich mehr Fische hergeben (nicht aber auch Walfische), als ihm bisher entnommen werden, ohne daß eine Überfischung zu befürchten wäre. Wohl konnte man in begrenzten, im Verhältnis zu den Weiten des Meeres, engbegrenzten Gebieten vor dem Krieg eine zu starke Nutzung, d. h. eine Beeinträchtigung des Bestandes, also eine Überfischung bemerken. Während des Krieges trat eine schnelle Erholung ein.

Andererseits konnte man erfreulicherweise feststellen, daß der Fischreichtum des Meeres im allgemeinen viel resistenter ist, als man bisher anzunehmen geneigt war. Resistent, das heißt, noch weit von der Gefahr der Überfischung entfernt. Man hat die Resistenz von vielen der wichtigsten Fischarten schon soweit erkannt, daß man weiß, wo vor allem eine intensivere Befischung unbedenklich eintreten darf (Hering, Rotbarsch, Thunfisch u. a.).

Eine relativ starke Belieferung der Fischmehlfabriken, die aus Abfall und aus minderwertiger Ware Futtermittel herstellen, ist ein Zeichen, daß unnötig große Mengen der menschlichen Nahrung entzogen werden. Gewiß ist Fischmehl als Viehfutter auch sehr gesucht, und die Bundesrepublik kann nur 50% des eigenen

[1] Die Angaben über die Proteinlieferung durch die Fischerei fallen sehr auseinander. Während von der einen Seite — viel zu hoch — angegeben wird, das Meer liefere einen hohen Anteil unserer Nahrung, wird von den meisten errechnet, daß etwa 3% der Nahrung und 2% der Proteine dem Meere entstammen.

Bedarfs selbst decken. Dies darf aber nicht hindern, daß alles getan wird, um den Fisch in bestem Zustand anzuliefern, so daß nur ausgesprochen minderwertige Ware und die wirklichen Abfälle ausscheiden; so die Schlachtabfälle der Heringe, die bisher ins Meer geworfen wurden, und jetzt in die schwimmenden Heringsmehlfabriken gehen.

Der große Fortschritt in der Meeresfischerei liegt darin, daß die Fabriken — nicht nur die Mehlfabriken — hinter den Fangschiffen herfahren. Früher konservierte man die Fische recht und schlecht während des Fangs, indem man Eisbrocken zwischenschichtete. Nach mehrtägiger Heimfahrt kamen nur noch die Fänge der letzten Tage einwandfrei an. Heute liefern die Schiffe täglich die Ausbeute an das begleitende Fabrikschiff ab, wo der Fisch sofort verarbeitet wird. Es hat sich gezeigt, daß es bei jeder Konservierung vor allem darauf ankommt, den Fisch so frisch als möglich zu konservieren. Zum Tiefkühlen soll nur allerbeste Ware und möglichst gleich nach dem Überstehen der Totenstarre verwendet werden. Tiefgekühltes Fischfilet, das auf solchen schwimmenden Fabriken hergestellt wird, zeigt keinerlei Geschmackseinbuße. Es läßt sich auch nicht mit der Nase als Fisch diagnostizieren. Durch günstige Konservierung wird verhindert, daß bei der Auktion stehengebliebene Bestände, die für den menschlichen Genuß sehr wohl geeignet gewesen wären, in die Fischmehlfabriken abwandern.

Die Konservierung im Tiefgefrierverfahren liefert beste Resultate. Sie verlangt aber einwandfrei frische Ware und ist daher nur mit schwimmenden Fabriken durchzuführen. Sie ist teurer als die gewöhnliche Konservierung, ist aber dennoch bei bester Qualität lohnend.

Am ergiebigsten ist die Fischerei in den Schelfgebieten. Hier könnte stellenweise noch eine erhebliche Intensivierung der Fischwerbung stattfinden.

In letzter Zeit ist der Begriff der Hoheitsgewässer immer dehnbarer geworden. Das starke Erdölvorkommen in manchen Schelfgebieten (Mexico, Persischer Golf u. a.) hat zu der Forderung geführt, daß das Recht über den Boden, der geologisch zum Festlandsockel gehört, eine andere völkerrechtliche Regelung erfährt als die darüber stehende Wassersäule. Immer mehr werden die

Hoheitsgrenzen durch einseitige Erklärungen über die Dreimeilenzone hinausgeschoben und damit die Freiheit der Meeresfischerei bedroht. Es ist dabei zu bedenken, daß in den räumlich begrenzten Schelfgebieten solche Erweiterungen der Hoheitszone für die anderen eine starke Einbuße bedeutet.

Die höchsten Werte der Anlandungen erreichte Asien im Jahre 1953 mit 11,7 Millionen Tonnen. Dann folgt Europa mit 7,2. UdSSR. ist hierbei nicht einbezogen. Es kommt auf 2,5 Millionen. Sehr niedrig sind die Werte für Südamerika mit 0,6 und für ganz Afrika mit 1,5. Auch Ozeanien fällt mit nur 0,01 auf.

Es hängt dies damit zusammen, daß die Schelfgebiete in Afrika und an der ganzen Westküste Amerikas am schwächsten entwikkelt sind. Doch ließe die Ost- und die Nordküste Amerikas noch eine erhebliche Steigerung der Fischwerbung zu.

Wir haben gehört, daß die kalten Meere fruchtbarer sind als die warmen. Da auf der nördlichen Halbkugel die Kontinente viel weiter an den Pol heranreichen als im Süden (Kapstadt liegt ebenso weit südlich vom Äquator wie Fes nördlich), da somit im Norden die kalten Schelfgebiete und damit die guten Fischgründe vor der Tür liegen, ist es erklärlich, warum auf der nördlichen Hälfte mehr gefischt wird als auf der südlichen.

Aber es kommt noch ein Anderes, ein sehr Wichtiges hinzu. An der Spitze der Meeresfische steht der Quantität nach der Hering. Er beherrscht die Fischerei der nördlichen Halbkugel. Man hat errechnet, daß jährlich 50 Milliarden Heringe gefangen werden, also pro Kopf 20 Stück. Seltsamerweise fehlt er jedoch südlich des Äquators. Auch hat sich dort kein anderer Planktonverzehrer an seine Stelle gesetzt. Warum? Wieder ein Fragezeichen, für das es keine Antwort gibt. Wohl kann man Vermutungen anstellen. Der Hering sucht zur Laichzeit die Küste auf. Im Süden liegen die Küstenstriche meist schon dem Äquator zu nahe, d. h. im Bereich zu warmen Wassers. Vielleicht ist das der Grund. Wir wollen aber auch hinter dieser Hypothese ein Fragezeichen setzen. Oder fehlen ihm nur die großen Schelfgebiete?

Ebenso vermissen wir im Süden die Gadiden, die für unsere Hochseefischerei so bedeutsam sind: Der Kabeljau, jung als Dorsch bezeichnet, der Schellfisch und deren nahe Verwandte. Warum findet man auch diese nicht im Süden? Zu ihrer Hauptnahrung gehört der Hering. Vielleicht ist die Abhängigkeit von ihm so groß, daß für den Kabeljau das Meer nur nahrhaft genug ist, wenn er den Hering vorfindet. Vielleicht!

Nun wollen wir uns einen Überblick verschaffen über die Rolle der verschiedenen Gruppen im Gesamtausfang.

In den letzten Jahren wurden jährlich gefangen (in runden Zahlen):

Heringe, Sardinen, Anchovis u. a.	6,5 Millionen Tonnen
Barsche, Seebarben u. a.	5,5 Millionen Tonnen
Kabeljau, Schellfisch, Seehecht u. a. . .	4,0 Millionen Tonnen
Thunfisch, Bonito, Makrele u. a.	2,0 Millionen Tonnen
Flundern, Heilbutt, Zungen u. a. . . .	1,0 Millionen Tonnen
Lachs, Forellen, Stint u. a.	0,6 Millionen Tonnen
Haie, Rochen u. a.	0,5 Millionen Tonnen
Dazu Wirbellose	4,0 Millionen Tonnen
Süßwasserfische	3,0 Millionen Tonnen

Die Fischmehlproduktion ist darin enthalten. Ihre Höhe wird verschieden angegeben.

Legen wir einen solchen Speisezettel für die Fasttage der klugen Hausfrau vor, so wird sie zunächst nach dem Gehalt an Vitaminen fragen. Ist sie noch klüger, dann möchte sie außerdem wissen, wieviel Wasser sie eingekauft hat, wenn sie 1 kg der verschiedenen Fischarten nach Hause bringt; bis sie schließlich von der Allerklügsten belehrt wird, daß durch Konservierung, durch Räuchern und noch mehr durch Trocknen (Stockfisch = getrockneter Kabeljau) oder durch Pressen (größte Haltbarkeit) sehr große Wassermengen entzogen werden, so daß unsere kurze Übersicht über die chemische Zusammensetzung und den Wassergehalt einiger Fische in frischem Zustand ihr beim Einkauf nichts helfen.

	% Wasser	% Eiweiß	% Fett	% Asche
Hering	75,2	15,4	7,6	1,6
Makrele	70,8	18,8	8,8	1,4
Schellfisch	81,5	16,9	0,7	1,3
Seezunge	82,6	14,6	0,5	1,4

Hier erkennt die Köchin sofort: Es gibt fette und magere Fischarten. Die Makrele ist fett. Der ihr verwandte Thunfisch ist ebenfalls sehr fett; aber auch einige Verwandte der fettarmen Seezunge sind ziemlich fettreich (Heilbutt 6%).

Der Jodgehalt — auch dies interessiert die Hausfrau um ihrer Kinder willen — ist ziemlich hoch (als Dijodtyrosin); bei den im freien Meer gefangenen Formen höher, als wenn sie in Küstennähe leben. An der Küste wird das Jod häufig vom Tang gespeichert.

Und nun die Vitamine; wem von den ältesten Lesern wäre in der Kindheit nicht mühsam Lebertran eingeflößt worden? Aber nicht nur in der Leber sind reichlich Vitamine enthalten, sondern auch im Fleisch (Vitamin A im Hering). Dagegen fehlt dem Hering Vitamin D. Meist sind sowohl A als auch D vorhanden und zwar im Verhältnis von 10 (bis zu 30) : 1. Der an sich sehr vitaminreiche Thun enthält abnorm viel D, viel mehr als A. Hier ist das Verhältnis von A:D wie 1:3 (bis 6). Beim Thunfisch enthält das Leberöl 30 und 40mal so viel Vitamin D (antirachitisch) als bei anderen Fischen. Aber auch B_1 und B_2 ist reichlich bei Fischen vorhanden, vor allem im Rogen. Auch C und D kann hier stärker vertreten sein.

Was erwartet die Mutter vom Lebertran? Vor allem Vitamin A und D. Und die Kinder? Daß er nicht mehr so widerlich riecht und schmeckt. Im Laufe der Jahre ist es gelungen, einen Lebertran herzustellen, der nahezu geruchlos ist und keine stoische Haltung der Kinder mehr erfordert, und der trotzdem seinen Vitaminreichtum nicht eingebüßt hat. Darin lag die Schwierigkeit des Reinigungsverfahrens. Der meiste Lebertran wird auf den Lofoten von Schellfischarten gewonnen (Dorschen u. a.). Die Dampfbrühe in den Fischzurichtereien enthält viel B_{12}. Sie wird bei der Herstellung künstlicher Milch benützt.

Große Fortschritte hat die Fischmehlproduktion erzielt. Man stellt Speisefischmehl her, das nur 8,6% Wasser enthält. Dementsprechend ist der Eiweißgehalt sehr hoch (sogenanntes Wiking-Eiweiß). Da es den Fischgeschmack völlig verloren hat, wird es in der Küche vielseitig verwendet, insbesondere bei Süßwaren, Pudding und „Schlagsahne". Auch als fettlose Diätkost spielt es eine Rolle.

Wenn die Industrie einmal herausbekommen hat, daß man mit einem Stoff etwas anfangen kann, dann wird er aber auch meist gründlich nach allen Seiten untersucht und auf die scheinbar seltsamsten Verwendungsmöglichkeiten hin geprüft. So kann heute die Hausfrau, wenn sie ihren Kindern Schlagsahne der Wiking-Eiweiß-Gesellschaft vorsetzt, dies in einem Kleid tun, das dieser Schlagsahne blutsverwandt ist, d. h. das aus gleicher Masse hergestellt wurde. Die „Wickilana-Faser" hat eine hohe Verschleißfestigkeit. Was würden die stolzen Wikinger wohl hierzu gesagt haben: Wikinger Pudding, Wikinger Schlagsahne, Wikinger Dessous?

Dorschleber, aber auch Dorschleder, Schollenleder, Katfisch-(Welsart-)Mäntel, -Blusen, -Armband-(uhren), dies alles ein großer Artikel in Dänemark. Kabeljau, Scholle, alle liefern sie ein brauchbares Leder; diese beiden vor allem für Handschuhe. Rochenleder, Haileder für Stiefel und Kleider. Aber die Haihaut kommt ihres schönen Dekors und der Färbbarkeit wegen auch für Galanteriewaren in Frage. Allerdings hat sie in den Augen der Dame von Welt einen wesentlichen Nachteil: Sie ist unverwüstlich. Die Haut des Hai ist mit feinsten Zähnen besetzt, deren Spitze nach hinten gerichtet ist. „Streichelt" man einen Menschenhai von vorn nach hinten, so fühlt er sich ganz manierlich an. In umgekehrter Richtung jedoch machen sich diese Plakoid-Schuppen (= Hautzähne) deutlich bemerkbar. Man verwendete früher die Haut zum Polieren und als Hühneraugenfeile. Zweckmäßig wird sie als Überzug da benützt, wo es wünschenswert ist, einen recht sicheren Griff zu erhalten, so bei Tennisschlägern, Säbeln usw. Nachdem es gelungen ist, auf chemischem Wege diese Schuppen zu entfernen, war ein weites Feld der Verwendung eröffnet, vom Sohlleder und Treibriemen bis zu Bucheinbänden und Ansteckblumen.

Wird bei dieser reichen Verwendungsmöglichkeit der Meeresfische das Interesse der Menschen an diesen Tieren nicht sehr gesteigert, wird es nicht eines Tages zu sehr gesteigert? Das Auffinden der Fischschwärme gelingt immer besser. Die Fangmethoden werden ständig vervollkommnet. Eine Überfischung wäre in einzelnen Teilen technisch sehr wohl möglich; bei manchen Fischen (Schollen) war sie schon gegeben. Aber von Jahr zu Jahr wächst auch die ständige Kontrolle über den Bestand der Nutzfische ebenso wie über den der Ei- und der Fischräuber, um rechtzeitig einzugreifen. Man bemüht sich, den

Grundnährstoff, das sind die einzelligen Algen, der Menge und Produktion nach genauer kennenzulernen und ebenso die Masse der gelösten, organischen, aber niedermolekularen Substanzen, die eine wichtige Lebensgrundlage für die Meeresorganismen bilden und an Quantität ein Vielfaches der belebten Substanz darstellen. Hat man schließlich solcherart eine Übersicht über den Gesamtstoffwechsel der Meeresteile, so kann man auch vernünftig damit wirtschaften. Man kann gute Futterverwerter fördern, schlechte einschränken.

Gewiß gibt es auch unter den Fischen welche, die uneingeschränkt das Epitheton gefräßig verdienen. Dazu gehört der Katzenhai, ein großer Feind der Heringe. Nicht daß er durch seine Wildheit die Heringsnetze zerreißt oder mit seinen scharfen Zähnen zerbeißt. Das ist Temperament, jedoch nicht gefräßig. Stößt er aber auf Heringsschwärme, so frißt er so schnell und so unermüdlich, bis der Magen vollgestopft ist. Dann wird erbrochen und von neuem gefressen, wieder erbrochen und wieder gefressen. Nicht das Sattwerden ist das Ziel, sondern das Hinabwürgen. Kein Wunder, wenn solch menschenähnliche Anwandlungen vom Menschen scharf mißbilligt werden.

15. Poseidon bittet die übervölkerte Welt zu Tisch

Möge er kein Fiasko erleben mit seinem vegetarischen Algenrestaurant.

Im Orient und in Ozeanien hat die Küstenbevölkerung immer schon Algen gegessen und zwar vor allem als Gemüse, zum Teil auch süß und schließlich auch als Gewürze. Man konsumiert damit Vitamine, Mineralien und Spurenstoffe und verspürt daher eine günstige Auswirkung. Dagegen sind die Kohlehydrate und die in den Zellen eingeschlossenen Eiweiße nicht ohne weiteres verdaulich; sie sind unverdaulich für den Menschen, während Wiederkäuer die Kohlehydrate zu zersetzen vermögen. Ein Zusatz bis zu 10% Algen zu dem Futter soll die Tiere besonders widerstandsfähig machen, und die Produktion von Milch, und beim Geflügel die von Eiern erhöhen.

In Japan werden Wasserpflanzen — vor allem der Riesentang Kombu — zu Brotaufstrich und zu Mehl als Brotzusatz verarbeitet. In China läßt man den Tang erst in bestimmter Weise gären, bevor man ihn auf den Tisch bringt; vom Eskimo wird er roh, nur in Öl getaucht, genossen. An den Küsten von Südamerika interessiert sich nur die ärmere Bevölkerung für den Tang, während die Malaien und auch die Mongolen ihn einer Behandlung unterwerfen, die ihn zum kulinarischen Objekt werden läßt. Der Norweger verarbeitet ihn zu Mehl und sieht außerdem darin ein Mittel gegen Maul- und Klauenseuche.

Auf all dies kann sich aber die Einladung Poseidons an die übervölkerte Welt nicht beziehen. So wichtig auch Vitamine, Mineralsalze und Spurenstoffe sind, man kann nicht davon leben. Meist handelt es sich hier nur um eine Gelegenheitsnahrung, in manchen Fällen um eine Verlegenheitsnahrung.

Jetzt aber vernimmt man die Botschaft, daß alle berüchtigten Lücken, vor allem die Eiweißlücke und die Fettlücke durch Algen künftig geschlossen werden, und zwar einmal dadurch, daß die gewaltigen Algenbestände des Meeres durch rationelle Behandlung ausgenutzt werden, und dann vor allem durch Algenkulturen, wobei an die Produktion der mikroskopisch kleinen Algen gedacht ist.

Die Industrie hat sich schon seit einiger Zeit für die Tange interessiert. Man hat erkannt, daß die Laminariales (Braunalgen) einen höheren Futterwert haben als die Fucales, zu denen die Sargassoarten gehören; schon lange hat man gelernt, aus Rotalgen mit Hilfe von Bacterium gelaticum Agar-Agar zu gewinnen. In der Nahrungsmittelindustrie wird die wasserunlösliche Alginsäure (= Algensäure) für Marmeladen und andere Konserven, aber auch bei Herstellung von Rasiercreme und zum Imprägnieren verwendet. Aber die Alginsäure, deren Salze eine abnorm hohe Viskosität besitzen, steht erst am Anfang ihrer Karriere. Man kann Fasern daraus gewinnen, aus denen Stoffe — in Japan Kunstseide — hergestellt werden. Die Stoffe erfreuen sich außerordentlicher Beliebtheit, da sie vollkommen durchsichtig und je nach Zusatz verschiedener Metallsalze in allen möglichen duftigsten Farben angefertigt werden können. Nur ein zarter Farbenhauch verrät, daß die Eva nicht ihr Originalkostüm trägt. Dies alles aus den Salzen der Alginsäure. Und in die Filmproduktion hat sie sich auch schon eingedrängt.

Der Alginsäuregehalt ist am höchsten im Frühjahr. Dies gilt auch für den gesamten Mineralstoffgehalt. So liegt der Jodgehalt der Tange im Frühjahr auf 0,09%, im Herbst auf 0,01%. Dies zu wissen ist wichtig bei der Gewinnung von Jod. Die Tangmasse wird luftgetrocknet und dann in Gruben verbrannt. Die Asche besteht bis zu 70% aus Natriumjodid; doch geht bei diesem primitiven Verfahren nahezu $^2/_3$ in die Luft. Heute hat man als rationellere Methode die trockene Destillation eingeführt. So gewinnt man neben dem Jod auch flüchtige Öle und Naphtaöl.

Das Interesse an einer Ausbeutung der Tange des Meeres hat bereits zu einer Art Bestandsaufnahme geführt. Zwischen Alaska und Californien ist ein etwa 390 Quadratmeilen großes Tangfeld, das 60 Millionen Tonnen zu liefern vermag. (All diese Zahlen geben an, wie hoch der Bestand geschätzt wird, nicht aber die jährliche Produktion.) Gleiche Massen sind an der südamerikanischen Küste festgestellt; 17 Millionen Tonnen an den Falklandinseln und $^1/_2$ Million Tonnen in Tasmanien. Dazu kommen kleinere Bestände und noch nicht entdeckte Gebiete von Braun- und Rotalgen an allen Küsten der Erde; und schließlich noch die gewaltigen küstenfernen Algenmassen der Sargasso-See. Diese frei im Meer flottierenden Tange mit ihren Schwimmblasen finden sich in großer Häufigkeit auf einem Areal, das in der Ost-West-Ausdehnung etwa 3000 km mißt (Sargasso-See). (Abb. 39.)

Neuerdings ergaben sich Hinweise, daß auch in der Arktis und Antarktis große Unterwasserwälder vorkommen. Kaltes Wasser wird von den meisten Tangen bevorzugt.

Blaualgen sind für den Genuß unbrauchbar. Sie haben einen widerlichen Geschmack. Kommerziell verwertbar sind nur Rot- und Braunalgen. Die zu den Braunalgen zählenden Laminarien erreichen eine Höhe bis zu 100 m. Sie vor allem sind kälteliebend. Ende Winter (Februar) setzt ein starkes Wachstum ein, dem nach einigen Wochen ein Verfall der alten Blattspreiten, von denen das Wachstum ausging, folgt.

Nimmt man in ganz roher Schätzung unter Einbeziehung der an den Polen zu erwartenden Tangfelder eine jährliche Produktion brauchbarer Algen von 10—20% des Bestandes an und schätzt man den Bestand auf 200 Millionen Tonnen, so ergibt sich alljährlich eine Nährstoffgewinnung von 20—40 Millionen Tonnen. Dies bedeutet, daß jedem Menschen zusätzlich im Jahr etwa 10 kg vitaminreiche Nahrung geboten werden kann. Das ergibt pro Woche 200 g.

Was besagt dies? 60% der Menschen hungern heute schon, soweit sie nicht verhungern. Die Nahrungsmittelproduktion

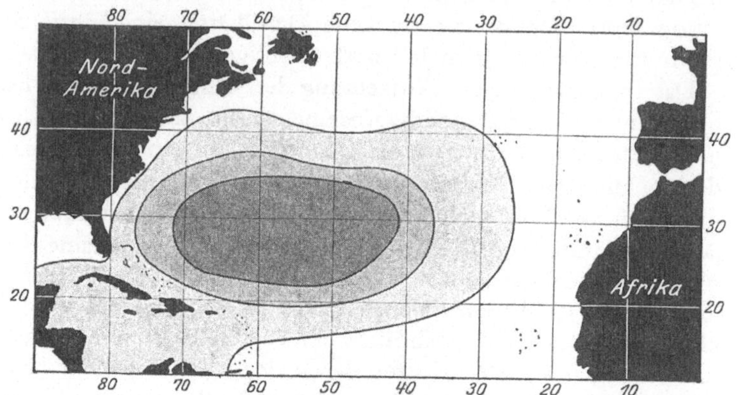

Abb. 39. Ausdehnung der Sargassosee. Dunkles Feld = treibende Tange sehr häufig, etwas helleres Feld = treibende Tange häufig, hellgraues Feld = treibende Tange selten.

nimmt langsamer zu als die Bevölkerung. Die Lage wird also immer gespannter. Ein Zusatz von 200 g wird in wenigen Jahren nur das neu entstandene Defizit decken.

Noch weniger wird das tierische Plankton ausschlaggebend sein können (vor allem aus Larvenformen bestehend). Wohl konzentriert es sich nachts an der Meeresoberfläche und kann hier leichter abgesiebt werden; auch ist trotz des 90%igen Wassergehaltes die verwertbare Substanz höher als bei Fischen; und doch wird eine Planktonfrikadelle immer nur eine zwar sehr gute, vom Kenner begehrte Gelegenheitsnahrung bleiben. In großer Dichte tritt es nur in den kalten Zonen auf (Walfischnahrung). Durchschnittlich kann man etwa mit einem Stück im Liter Wasser rechnen. In Küstennähe, in Schelfgebieten, ist der Fang sehr viel lukrativer. Hier kommen die vielen Jugendformen derjenigen Tiere hinzu, die den Boden bevölkern.

$^1/_4$—$^1/_2$ Pfund dieser Tiere roh gegessen genügt bereits als Tagesration. Im allgemeinen besteht dieses tierische Plankton aus 50—60% Protein, 5—15% Fett und 15% Kohlehydraten. Sehr hoch ist der Vitamingehalt. In Norwegen, China und Siam wird es gerne gegessen. Man sagt, es schmecke wie Austern oder rohe Krabben. (Aber wie schmecken Austern? Siehe weiter vorn.) Aber die begrenzte Masse der tierischen, makroskopischen Planktonten läßt an eine rationelle Ausnützung kaum denken.

Auf die Verwertung der großen Algen, der Tangs und des tierischen Planktons kann sich also die einladende und vielversprechende Geste Poseidons nicht beziehen. Die Kleinsten, die Mikroorganismen des Meeres, sollen dem Menschen die Angst vor dem Hunger und Verhungern nehmen. Man prophezeit eine völlig gesättigte Menschheit durch Algen. Wird sie nicht übersättigt sein, bevor sie gesättigt ist?

Sattwerden von Mikroorganismen? Wieviel Milliarden sind für eine einzige Mahlzeit nötig? Ist das Ganze nicht eine Täuschung? Nun, man nimmt an, daß das Meer etwa tausendmal mehr pflanzliche als tierische Substanzen produziert. Und weiter rechnet man damit, daß 99% der marinen Pflanzenmassen mikroskopische Ausmaße haben. Daraus ergibt sich, daß die Masse der Kleinalgen tausendfach die Menge der vom Meer produzierten Tiere übertrifft. Im Durchschnitt leben diese Algen als Individuum drei Tage. Ein schnelles Werden und Vergehen.

Gehen wir nun — ganz vorsichtig — davon aus, daß nur 2% der menschlichen Nahrung bisher aus dem Meer kommt. Würde diese Menge durch Hinzunehmen der Algen auch nur verhundertfacht werden, so wäre eine Versorgung der Menschen mit Nahrung gesichert. Alle Sorgen wären von uns genommen. Dabei sind bei dieser Überlegung die künstlichen Algenkulturen noch nicht in Rechnung gestellt. Gerade auf diese aber setzt man besonders große Hoffnungen, weil die Algen des Ozeans, mag ihre Masse noch so groß sein, für uns gar nicht „greifbar" sind. Aber versuchen wir trotzdem, uns einen Begriff zu bilden von der Produktion der Meeresoberfläche. In den Vereinigten Staaten fand man eine Hektarproduktion von 100 t Algen, aus denen 50 t Eiweiß und über 7 t Fett zu gewinnen wären — eine wirklich imponierende Produktionskraft, die in einer ganz anderen

Größenordnung liegt als die unserer Felder. Aber auch hier ist die augenblicklich vorhandene Masse irreführender Weise gleich Produktion gesetzt. Man nehme doch nur an, man könnte die gesamte „Produktion" des Meeres ausschöpfen, so gäbe es überhaupt keine Algen mehr, d. h. die „Produktion" wäre nur ein einzigesmal vorhanden.

Eine Untersuchung, die die wirkliche Produktion untersuchte, fand pro Jahr und pro acre (= 4000 m^2) eine Trockensubstanz von 1—3 t.

In den fruchtbaren, kalten Meeresteilen zählt man im Liter etwa 20000 Mikroorganismen und mehr, in den warmen Zonen nur etwa 2000 (Abb. 40). Aber auch da, wo sie am dichtesten vorkommen, in den kälteren Meeren, sind sie technisch nicht „greifbar". 50 Millionen Liter müßten durchgesiebt werden, um 1 Liter Algen zu gewinnen. Daher bemüht man sich auch schon seit längerer Zeit, die Produktion in die Hand zu bekommen, sie lenken zu können, d. h. die brauchbarsten Algen in Kultur zu nehmen.

In einfacherer Weise hat man dies durch Düngung (auch mit Abwasser) seichter, abgeschlossener Meeresbuchten erreicht. Durch Wasserbewegung kann ein intensiverer Ersatz der verbrauchten Kohlensäure erreicht werden. Auch an Zusatz von Hefe hat man schon gedacht. Die von der Hefe gebildete Kohlensäure würde den Algen zugute kommen. Durch Überpumpen des Wassers auf sehr engmaschige Netze werden schließlich die produzierten Algen abgesiebt.

Aber die Wissenschaft ist mit solchen bescheidenen Erfolgen keineswegs zufrieden. Was kann der Hektar liefern? Der Hektar wird von ihr abgeschafft, und es wird Wirklichkeit, was noch als Utopie in den Worten liegt: „Wächst mir ein Kornfeld auf der flachen Hand."

Damit verlassen wir allerdings das Meer, nachdem wir ihm einige Algenarten, vor allem Chlorellaarten, entnommen haben, um nun im Laboratorium damit zu experimentieren. Aber nicht nur Algen des Meeres, auch die des Süßwassers werden auf beste Brauchbarkeit geprüft (Chlorella, Scenedesmus, Anabaena). Schon bei der Aufnahmeprüfung erhalten die Algen eine Note, die weit die Noten aller anderen Pflanzen übertrifft. Die Sonne ist für unseren Planeten Energiequelle. Und doch, wie bescheiden ist die Ausnützung ihrer Einstrahlung in unseren Breiten. 1% wird bei weitem nicht erreicht. Die Kartoffel bringt es nur auf 0,14%. Getreide und Ölfrüchte liegen mit 0,08% noch darunter; die Zuckerrübe kommt auf 0,4%. Die Algen aber erreichen eine Ausnützung von 3 bis zu 24%! Also 10 und 100mal so viel als unsere Kulturpflanzen.

Und nun stellt sich weiter Vorteil über Vorteil heraus. Gemüseabfälle, die die Unrattonnen füllen und im heißem Sommer die Luft verpesten, gibt es hier überhaupt nicht. Die Alge wird 100%ig konsumiert. Und alles außer ihrer zarten Hülle wird verdaut. Bei Darbietung geeigneter Nährlösung vermehrt sich die Alge so schnell, daß man auf einem m^2 eine Ernte erzielen kann etwa 50fach höher, als was ein Acker auf dem m^2 produziert. Dafür „arbeiten“ aber auch die Algen Tag und Nacht, wenn man sie nachts beleuchtet. Durch Art der Zusammensetzung der Nährlösung und Dosierung des Lichts kann man sie zwingen, mehr oder weniger Fett bzw. Eiweiß zu liefern.

Eine weitere Steigerung der Ernte unserer Felder ist vielfach schon deshalb nicht mehr möglich, weil das Wasser hierzu fehlt. Die Algen, die in Trögen oder auch in hohen Glasröhren gezüchtet werden, berühren dieses Problem gar nicht. Aber ihre Produktion ist z. Z. noch viel zu teuer, um praktisch ausgewertet werden zu können.

Daß man bei manchen Algen eine antibiotische Auswirkung festgestellt hat, ist allerdings eine Entdeckung, die bedenklich stimmen kann. Die Bedenken mehren sich, wenn sich ergeben sollte, daß man sie zur Bekämpfung von Krankheiten und zur Konservierung von Lebensmitteln zu verwenden beabsichtigt.

Wie wird in einigen Jahren die Bilanz dieser zu häufig gebrauchten Antibiotica lauten? Werden sie sich immer mehr den Namen von Feinden des Lebens verdienen?

Da die mikroskopischen Algen, wie schon betont, vitaminreich (A und C) sind und mit Ausnahme der dünnen Membran verdaut werden, so ist auch ihr Nährwert hoch anzusetzen. Algenpaste und Algensuppe bilden den Anfang der Algenepoche. Man wünscht Abwechslung und wird sie bieten: Algensuppe, Algen à la Schweinsbraten mit Algengemüse und Algenknödel. Prinzregenten-Algentorte. Und falls man sich übergegessen hat, dann in der Apotheke als sicherstes Brechmittel Algentropfen. Aber man wird das Fett und das Eiweiß schon so weit entalgen können, daß

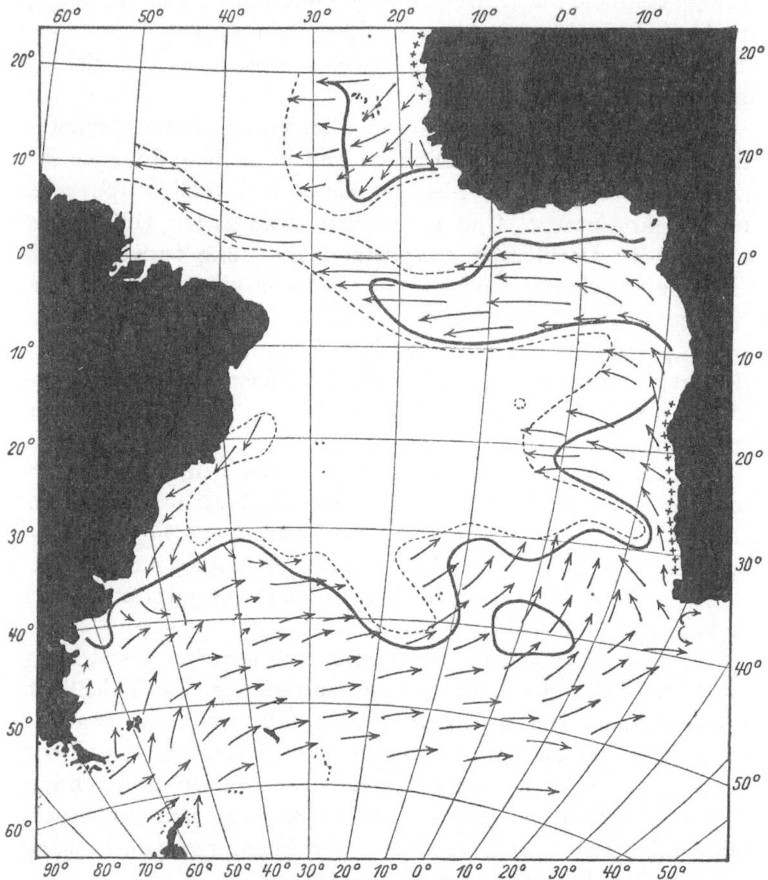

Abb. 40. In den Gebieten mit mehr als 7000 Zellen im Liter sind durch Pfeile die Strömungen angegeben. Die kleinen Kreuze längs der afrikanischen Küste bezeichnen Gebiete mit aufsteigendem Tiefenwasser (aus HENTSCHEL)

sie zu einem neutralen, die Nahrungslücken ausfüllenden Kalorienkonzentrat werden.

Man versuchte zu trösten: Die Menschen könnten sich noch „ungeheuer" vermehren, ohne daß sie verhungern müßten, dank der

Algenkulturen. Ein Planet mit „ungeheuer" viel mehr Menschen? Das Wort „ungeheuer" ist hier am Platze. Vor allem aber meine ich, man darf die Menschen nicht noch antreiben, sich recht emsig fortzupflanzen, bevor die benötigte Nahrung wirklich da ist — und bevor erwiesen ist, daß der Mensch ein solches Ameisendasein erträgt, ohne sich zu verlieren. Ungeheuer viel mehr Menschen! In den Städten, in den Dörfern, im Wald, in den Bergen, in den Bädern, überall ein Vielfaches von Menschen — eine grausige, eine ungeheuerliche Vision. Nicht die Nahrungsmenge entscheidet über den Untergang und über das Verkommen der Menschheit, sondern der geistige Stoffwechsel. Und dieser wird ohne Besinnlichkeit in falsche Bahnen gelenkt werden.

Es geht beim Menschen nicht darum, die Art zu vermehren. Wir sind keine Heringe.

Damit soll der große praktische Wert, den diese Forschungen in Zukunft vielleicht erreichen, keineswegs in Frage gestellt werden.

16. Ungleich verteilter Reichtum

Wir haben im Anfang dieses Büchleins einem Kapitel den Titel gegeben: Das Meer — Urquell des Lebens. Damit ist aber über seine schöpferische Kraft noch nicht alles gesagt. Was ist es, das den Zoologen ebenso wie jeden Naturfreund immer wieder mit elementarer Gewalt zur Küste lockt, damit er sich dort an dem unübersehbaren Reichtum der lebendigen Formen ergötze und sich immer wieder in Staunen versetzen lasse. Wie kärglich, geradezu kläglich sind dem gegenüber die Formenabwandlungen, die wir im Süßwasser finden, ganz gleich ob wir den Bach, den Fluß, den Tümpel, den Teich, die kleinen oder auch die großen Seen, die eine Ausdehnung von Meeresteilen erreichen, zum Vergleich heranziehen.

Der gewaltigen Vielfalt von Meeresschwämmen steht eine ganz kleine, enge Gruppe im Süßwasser gegenüber, der Süßwasserschwamm. Und was finden wir von dem bezaubernden Reichtum der Nesseltiere, der Quallen, der Röhrenquallen, der immer wieder entzückenden Blumentiere, die z. T. Korallenriffe bilden, der Rippenquallen, über deren irisierenden Körper bei Sonnenschein ständig die Regenbogenfarben herabrieseln? Was vermag dieser geradezu erdrückenden Pracht das Süßwasser entgegenzustellen? Nichts; nichts als die armselige Gattung des Süßwasserpolypen und ganz gelegentlich noch eine andere wie ein Irrgast anmutende Form.

Jedes Meeresaquarium zeigt den Reichtum der Stachelhäuter: Seesterne, Seeigel, Schlangensterne, Haarsterne und Seewalzen. Und das Süßwasser? Fehlanzeige auf der ganzen Linie.

Von den Vielborstlern, die in festsitzenden und freischwimmenden Arten das Meer bevölkern, ist es kaum dem einen oder anderen gelungen, sich im Süßwasser heimisch zu machen.

Auch bei den Muscheln und Schnecken ist die Ausbeute im Süßwasser geradezu ärmlich zu nennen gegenüber dem, was das Meer uns bietet. Dann die Gruppe der Tintenfische — wiederum Fehlanzeige im Süßwasser. Dasselbe gilt für Salpen und Seescheiden. Und die höheren Krebse, die im Meere in ihren bizarren Formen eine ganze Welt darstellen, sind im Süßwasser — man möchte sagen — in beschämend wenigen Formen vertreten.

Woran mag das liegen? Der Übergang vom Meerwasser zum Süßwasser scheint doch nicht so unüberwindliche Schwierigkeiten zu bieten. Viele Fische wechseln zu bestimmter Zeit das Milieu; und mancher Fisch, wie der Stichling, kann beliebig zwischen Süßwasser und Brackwasser hin- und herschwimmen. Die Wollhandkrabbe steigt in die Flüsse auf, und doch muß sie alljährlich, wenn die Laichzeit naht, wieder ins Brackwasser zurück. Warum haben nun doch nur ganz vereinzelte Formen Gebrauch gemacht von der Möglichkeit, sich die Welt des Süßwassers zu erobern, obwohl ihnen doch das Brackwasser mit seinen verschiedenen Salzkonzentrationen einen allmählichen Übergang erleichtert hätte?

Die Wollhandkrabben geben uns einen Fingerzeig. Dem heranwachsenden Krebs ist der Zutritt zum Süßwasser nicht verwehrt. Die ersten Jugendstadien aber verlangen nach Salzwasser. Es beginnt schon damit, daß die Eier im Süßwasser nicht am Hinterleib der Mutter haften bleiben. Und die ausschlüpfenden Jungen würden in diesem Milieu zugrunde gehen. Ob die im Meere in gewaltigen Mengen vorhandenen gelösten organischen und anorganischen Stoffe, die den Larven im Süßwasser fehlen, eine Rolle spielen, ist heute noch nicht zu entscheiden. Ständig wird der Boden durch die Niederschläge ausgelaugt, und die dünne Lauge fließt ins Meer und konzentriert sich dort. Auf alle Fälle aber kommen noch andere Faktoren hinzu. Sicher ist, daß eine grundlegende Änderung der Erbmasse auf den frühesten Stadien der Entwicklung, also in den Larvenstadien, weniger leicht gelingt als gegen das Ende der Entwicklungskette zu. Gerade dies aber wird bei einem totalen Milieuwechsel gefordert. Darüber hinaus sind noch Umbildungen und Neuerwerbungen verschiedener Art nötig. Die Süßwasserschwämme bilden sogenannte Winterknospen, um sich über Austrocknen und Ausfrieren ihres Milieus hinüberzuretten; der Süßwasserpolyp mußte zwittrig werden. Der Flußkrebs durchläuft nicht mehr wie die im Meer gebliebenen Verwandten mehrere Larvenstadien. Aus den Eiern kommen gleich fertige kleine Flußkrebse. So sind sie den Gefahren, im Bach und Fluß abgeschwemmt zu werden, enthoben. Ein besonderes Rätsel geben uns noch die Schnecken auf. Die größere Zahl der Süßwasserschnecken kommt nicht vom Meer, sondern vom Land. Erst haben sie sich eine Luftatmung erworben und sind zwittrig geworden, und dann erst sind sie als Landschnecken wieder ins Wasser, teils ins Meer, teils in Brackwasser, teils ins Süßwasser gegangen und haben hier die Lungenatmung beibehalten. War dieser Umweg leichter? Warum ist der direkte Weg ins Süßwasser von ihnen so selten eingeschlagen worden? Es müssen doch wohl noch Hindernisse vorliegen, die wir nicht kennen.

Sollen wir nun bedauern, daß es den Meerestieren nicht leichter gemacht ist, im Süßwasser heimisch zu werden, um hier einen gleichen überschwenglichen Formenreichtum erstehen zu lassen wie im Meer? Hat es einen Sinn, sich Korrekturen ausdenken zu wollen an der Natur? Wir wollen genießen, da wo sie uns dazu einlädt, und wollen nicht räsonnieren und versuchen, klüger zu sein, da wo uns die Natur allzu sparsam vorkommt.

Sachverzeichnis